乡村振兴·农村干部赋能丛书

U0681136

作物种子生产与经营

ZUOWUZHONGZI
SHENGCHANYUJINGYING

徐保钦 ◉ 主编

济南出版社

图书在版编目（CIP）数据

作物种子生产与经营 / 徐保钦主编 . —— 济南：济南出版社，2024. 10. —— （乡村振兴）. —— ISBN 978-7-5488-6575-9

Ⅰ . S33

中国国家版本馆 CIP 数据核字第 20242L0Z09 号

作物种子生产与经营

徐保钦　主编

出 版 人　谢金岭
图书策划　朱　磊
出版统筹　穆舰云
特约编辑　张韶明
责任编辑　穆舰云
封面设计　王　焱

出版发行　济南出版社
地　　址　山东省济南市二环南路 1 号（250002）
编 辑 部　0531-82774073
发行电话　0531-67817923　86018273　86131701　86922073
印　　刷　济南鲁艺彩印有限公司
版　　次　2024 年 10 月第 1 版
印　　次　2024 年 10 月第 1 次印刷
成品尺寸　185mm×260mm　16 开
印　　张　14.75
字　　数　306 千
书　　号　978-7-5488-6575-9
定　　价　39.00 元

如有印装质量问题 请与出版社出版部联系调换
电话：0531-86131736

前言

种子是农业生产最基本的生产资料，也是农业科技的重要载体，对于农业增产增收、农民收入提升、人民生活质量提高、国家粮食安全保障等方面均具有重要意义。

种子是衡量农业发展水平高低的重要标志。种业对现代农业发展的重要性不言而喻，它是农业的"芯片"，种子行业是以作物种子为对象，以为农业生产提供优良商品化种子为目的，以现代农业科技成果和管理技术为手段，集种子科研、生产、加工、销售和管理于一体的行业整体。种子行业位于农业产业链最顶端，是农业的核心资料。习近平总书记强调，种业是现代农业、渔业发展的基础，要把这项工作做精做好。近年来，我国也相继出台了一系列种子相关政策和法律，推动中国种业发展，中国种业迎来新的时代。

实施乡村振兴战略，就是要实现"产业兴旺、生态宜居、乡风文明、治理有效、生活富裕"。乡村产业振兴首先要促进现代农业的高质量发展，现代农业又以种业振兴为发端。为了落实党中央、国务院乡村振兴战略的决策和部署，更好地打造职业教育新高地，我们根据种子行业、企业的生产与工作特点，以岗位要求确定人才培养目标，以工作过程细分重构课程体系，以"工学结合""理实一体"为理念，突出就业导向，突出能力主导，突出实践教学，编写了本书旨在构建与专业、与市场相适应的人才培养模式。

本书主要介绍种子生产原理、大田作物种子生产、蔬菜作物种子生产、种子检验加工和储藏、种子法规、种子营销几部分内容。本书实用性较强，具有如下特点：

1. 内容比较新颖。本书打破学科界限，通过项目管理，任务驱动，能力导向的教改原则，把多学科知识贯穿起来，新颖、简洁、实用，有利于在实践中应用。扫描二维码可以参阅相关知识。

2. 结构比较合理。本书体现了"工学结合"的特点，按照就业中实际用到的知识点安排教学内容，结构更合理，可操作性强。

3. 针对性比较强。本书针对新型农民、农村干部培训使用，旨在培养德、智、体、美、劳全面发展，适应现代农业要求，掌握种子生产与经营等方面的基本理论、基本知识，具有较强的实践能力和创新能力的高素质应用型专门人才。

4. 实践教学突出。本书安排了规范性实训内容，强调操作程序，强化实践教学，力求让学生在实践中学习知识，达到事半功倍的效果。

5. 结构模块化构建。本书采用模块化结构编写，注重理论教学和实践教学的兼顾和衔接，便于不同地区教师根据实际情况选择使用，为任课教师创新教学模块提供了方便，在具体教学中，教师亦可根据实际情况增减模块内容。

本书内容共分六个模块：第一模块种子生产原理，第二模块大田作物种子生产，由徐保钦、李书田、杨文静编写；第三模块蔬菜作物种子生产，由季春梅、周素如编写；第四模块种子检验、加工与储藏，由张平平编写；第五模块种子法规，由贾红艳、靳翠茹编写；第六模块种子营销，由徐方杰编写。

本书在编写过程中得到中共济宁市委组织部的指导和帮助，在此表示衷心感谢！同时，我们参阅了大量资料和著作，在此向有关作者表示衷心感谢。由于编者水平有限，本书中难免会有缺憾，敬请广大读者不吝赐教。

编　者
2024 年 9 月

目　录

模块一　种子生产概述

项目一　走进种子生产

学习目标

知识目标

种子和种子生产的概念；种子生产的意义与任务。

能力目标

能识别常见农作物种子；认识种子生产岗位职责要求；熟悉种子的分类方法及种子分类对生产的指导作用。

情感目标

增强种子质量安全责任感，培养职业道德和种子是特殊商品的意识。

知识准备

种子和种子生产

任务一　识别作物产品器官与种子

实操实验

学习目标	作物产品器官种类；作物种子形态和构造。	
材料 设备准备	材料	小麦、玉米、棉花、水稻、高粱、大豆、谷子、甘薯产品器官及种子；果树、蔬菜产品器官及种子。
	工具设备	解剖镜或放大镜；刀片、种子测微尺、镊子、解剖针、挂图。
实施过程	1. 检查前一周到市场调查的市面上作物产品种类的记录； 2. 实验室观察产品器官实物，观察产品器官标本及其多媒体播放图片； 3. 观察植物种子，学会分类。	

理论渗透

种子的植物学分类

一、依据植物形态学进行分类

植物种子按形态特征分为五类：

（一）包括果实及外部附属物

禾本科：在颖果外包有稃片。如水稻、皮大麦、燕麦、粟、苏丹草。

黎科：在坚果外部附着有花被和苞叶等附属物。如甜菜、菠菜。

蓼科：瘦果的花萼不脱落，成翅状或肉质，附着在果实基部，称为宿萼。如荞麦、食用大黄、蓼。

（二）包括果实的全部

禾本科：颖果。如普通小麦、黑麦、玉米、高粱、裸大麦。

棕榈科：核果。如椰子等。

蔷薇科：瘦果。如草莓。

豆科：荚果。如黄花苜蓿。

大麻科：瘦果。如大麻。

荨麻科：瘦果。如苎麻。

山毛榉科：坚果。如栗、槠、栎、槲。

伞形科：分果。如胡萝卜、芹菜、茴香、防风、当归、芫荽。

菊科：瘦果。如向日葵、菊芋、除虫菊、苍耳、蒲公英。

睡莲科：莲。

胡椒科：浆果。如胡椒。

榆科：翅果。如榉、榆。

（三）包括种子和果实的一部分（内果皮）

蔷薇科：桃、梨、李、梅、杏、樱桃、苹果、枇杷。

桑科：桑。

杨梅科：杨梅。

胡桃科：胡桃、山核桃。

鼠李科：枣。

五加科：人参、五加、西洋参。

（四）包括种子的全部

石蒜科：葱、洋葱、韭菜、韭葱。

山茶科：茶。

椴树科：黄麻。

锦葵科：棉花、洋麻、苘麻、木槿。

葫芦科：南瓜、冬瓜、西瓜、甜瓜、黄瓜、葫芦、丝瓜。

十字花科：油菜、甘蓝、萝卜、芜菁、芥菜、白菜、荠菜。

苋科：苋菜。

蔷薇科：苹果、梨、蔷薇、枇杷。

豆科：大豆、绿豆、小豆、豆薯、菜豆、豌豆、蚕豆、豇豆、扁豆、刀豆、紫云英、田菁、三叶草、苜蓿、紫穗槐、羽扁豆、胡枝子。

亚麻科：亚麻。

芸香科：柑、橘、柚、金橘、柠檬、佛手柑。

无患子科：龙眼、荔枝、无患子。

大戟科：蓖麻、油桐、乌桕、巴豆、木薯、橡皮树。

葡萄科：葡萄。

柿树科：柿树。

旋花科：甘薯、蕹菜。

茄科：茄子、烟草、番茄、辣椒。

胡麻科：芝麻。

茜草科：咖啡、栀子、奎宁。

松科：马尾松、落叶松、赤松、黑松。

（五）包括种子的主要部分

银杏科：银杏。

苏铁科：苏铁。

二、根据有无胚乳进行分类

（一）有胚乳种子

这类种子皆有胚乳，根据胚乳和子叶的发达程度及胚乳组织的来源，又可分为四种类型。

内胚乳发达：如禾本科、大戟科、蓼科、茄科、伞形科。

内胚乳和外胚乳同时存在：如胡椒、姜。

外胚乳发达：如苋科、藜科。

胚乳和子叶均发达：如蓖麻、黄麻。

（二）无胚乳种子

这类种子在发育过程中，营养物质由内胚乳和珠心转移到子叶中；胚比较大，有发达的子叶；有的内胚乳和外胚乳几乎不存在；有的只有内胚乳或珠心残留下来的1—2层细胞，其余部分完全被胚吸收。如十字花科、豆科、锦葵科、菊科等。

▦ 任务二 观察种子外部形态和解剖结构 ▦

实操实验

学习目标	作物种子形态结构；作物种子的解剖结构。	
材料 设备准备	材料	小麦、玉米、棉花、水稻、高粱、大豆、谷子、甘薯产品器官及种子；蔬菜产品器官及种子。
	工具设备	解剖镜或放大镜；刀片、种子测微尺、镊子、解剖针、挂图。
实施过程	1. 检查前一周到市场调查的市面上作物种子种类的记录； 2. 实验室观察种子实物，观察种子标本及其多媒体播放图片； 3. 观察植物种子，学会分类； 4. 随机取10粒种子，用测微尺或卡尺测量种子的长、宽、厚，重复3次，求平均数（单位：mm/粒）； 5. 观察种子外部形态，绘图； 6. 将种子预先浸透水，然后用刀片沿胚部纵切或横切，观察，绘剖面图。	

理论渗透

种子的形态和构造

一、种子的外表性状

不同种类作物的种子各有其典型的形态特征。

（一）种子的形状

自然界中的种子形状千差万别，但是同一种植物所具有的种子形状是固定的。常见的种子外形有球形、扁圆形、卵形、长形、纺锤形、肾形、心脏形、三棱形、盾形、披针形、不规则形等。

（二）种子的大小

种子的大小常用籽粒的平均长、宽、厚或千粒重来表示。生产上用千粒重作为衡量种子品质的主要指标之一。不同植物的种子大小相差悬殊。如椰子的种子，每粒直径达 20—30cm，重达几千克；兰科植物的种子，几十万颗还不到 1g；烟草的种子千粒重仅为 0.06—0.08g。

（三）种子的颜色

种子外部常有保护结构，通常为种皮、果皮包裹着。这些结构因其细胞中往往含有不同色素而呈现出不同的颜色或斑纹，从而成为鉴别种子品种的重要标志。常见的种子颜色有褐、红、黄、黑、白、绿、棕色或杂色及斑纹等。

（四）种子的光泽

有或无。

（五）种子的表面特征

光滑、存在瘤状突起、凹凸不平、存在棱状或网纹等；有无蜡层；有无茸毛或刺毛，毛密生或疏生，毛排列成行或杂乱等。

（六）种子边缘情况及种脐情况

有的种子边缘有种翼，有的则无种翼。种脐有的是正生，有的是歪生。

（七）种子的气味

芳香或其他气味。

二、种子的基本构造

种子按构造可分为三类：一是种皮、胚、胚乳全有，如蓖麻、烟草、桑、茄子、水稻、洋葱、高粱等；二是无胚乳，如大豆、花生、蚕豆、棉花、油菜、泽泻等；三是只具有外胚乳，如甜菜。

（一）种皮

种皮对种子的胚具有保护作用。种皮由胚珠的一层或二层珠被发育而成，外珠被发育成外种皮，内珠被发育成内种皮。

种皮外部通常可以看到珠被遗迹——发芽口、脐、脐褥或脐冠、脐条、内脐。

（二）胚

胚由胚芽、胚轴、胚根、子叶组成。

根据外部形态，可以将胚分为以下几种类型：直立型、弯曲型、螺旋型、环状型、折叠型、偏在型、多叶型。

通常一个种子只有一个胚，但是有时同一个种子包含两个或两个以上的胚，这称为多胚现象。

（三）胚乳

种子的胚乳分为内胚乳和外胚乳，可以贮藏营养，对幼苗健壮程度有着重要影响。内胚乳由受精的极核细胞发育而成，如茄科、伞形科、五加科、禾本科、百合科、棕榈科等的种子。外胚乳由胚囊周围的珠心层细胞直接发育而成，如蓼科的甜菜和菠菜等的种子。

任务三 认识种子生产——到本地种子企业实训

实操实验

学习目标	学会观察、分析、总结；学会撰写调查报告的方法。	
材料 设备准备	材料	实训基地各种作物种子生产田、育种材料。
	工具设备	录像机、多媒体设备、相机。
实施过程	1. 按照季节安排农事操作。例如：到种子企业选种、考种、播种等。 2. 真实环境下观察幼苗生长状态。	

理论渗透

一、种子工程

种子工程是包括种质资源的收集、整理、鉴定、评价、研究和利用，新品种选育和引进，建立原大田用种繁殖体系和种子质量认证制度，发展种子加工和包衣技术，完善种子质量监督检查体系，规范种子经营和加强种子法制管理等方面在内的相互配合、相互制约的体系工程。

种子工程是以农作物种子为实施对象，以为农业生产提供具有优质生物学特性和优良种植特性的商品化种子为目的，将现代生物学手段、工程学手段和经济学原理以及其他现代科技成果应用到种子科研、生产、加工、销售、管理全过程所形成的规模化、规范化、程序化、系统化的产业整体。

二、种子产业链

产业链是产业经济学中的一个概念，是指各个产业部门之间基于一定的技术经济关联，并依据特定的逻辑关系和时空布局关系，客观形成的链条式关联关系形态。产业链是一个包含价值链、企业链、供需链和空间链四个维度的概念。这四个维度在相互对接形成均衡的过程中形成了产业链，这种"对接机制"是产业链形成的内模式，作为一种客观规律，它像一只"无形之手"调控着产业链的形成。

产业链的本质是一个具有某种内在联系的企业群结构，它是一个相对宏观的概念，存在两维属性：结构属性和价值属性。产业链中大量存在着上下游关系和相互价值的交换，上游环节向下游环节输送产品或服务，下游环节向上游环节反馈信息。

从农业种植产业链来看，产业链最前端为育种，包含种子的研发、培育和采摘；中游为种子产品；下游为种子的种植环节。从种业内部产业链来看，包括育种、制种、销售三大环节：育种是种子产业链的核心；制种为中游环节，是种子从研发到产成品的过程；销售则主要通过经销商完成。

三、种子生产课程与其他学科的关系

种子生产涉及土壤肥料学、植物学、植物生理学、生物化学、遗传学、作物栽培学、作物育种学、作物种子学、种子检验、种子加工与贮藏、农业微生物学、植物昆虫学、植物病理学、农药学、田间试验与生物统计、种子法规、市场营销等学科的知识。种子生产将对种子生产原理和技术、种子法规、种子经营管理等问题进行讨论，是一门综合性和实践性较强的课程。

四、种子生产课程的教学方法

依托种子生产实习基地、种子实验室，创设真实的生产场景，让学生参与到种子生产全过程中去，观察记录作物生长发育状况并总结作物生长发育规律，在生产实践中发现问题、分析问题、解决问题，提高操作技能。让学生独立进行三次全程生产实践，对他们反复进行技能训练，渐进式提高理论难度和技能要求，同时利用多媒体和网络资源，采用多元化课程评价手段，完成对学生的农艺工、作物种子繁育员、种子检验员、园林苗圃苗木生产技术员等岗位的职业能力训练，令其掌握相应能力，以便在毕业时考取相关职业资格证书。

项目小结

种子在植物学上和在农业生产上的定义是有区别的。种子的植物学定义是指由胚珠发育而成的繁殖器官。而在农业生产上，凡是可作为播种材料的植物器官都被称为种子。

种子生产是指依据种子科学原理和技术，生产出符合农业生产需求的数量足够的质量符合标准的种子。

种子管理贯穿于种子生产的全过程，它依据种子管理科学的要求来组织，旨在引导和规范种子生产的过程，确保生产出量足、质优、低成本的具有竞争力的种子。

种子生产的任务：生产优良品种的优质种子，维持品种特性和纯度。

种子管理的任务：生产管理、经营管理、行政管理。

种子构造可分为三类：种皮、胚、胚乳全有；无胚乳；只有外胚乳。

种子生产的意义：种子生产是种子的来源；种子生产是提高种子质量的关键；种子生产事关国家战略安全。

复习思考题

1. 植物学上种子和农业生产上种子的概念。
2. 种子生产的概念。
3. 简述作物种子生产和管理的任务与意义。

项目二 作物繁殖方式与种子生产

学习目标

知识目标

作物繁殖方式的概念及分类；有性繁殖、无性繁殖的概念及特点；各类品种作物的育种途径及种子生产特点。

能力目标

熟悉常见农作物繁殖方式；了解各类品种作物的育种途径；熟悉主要农作物品种种子的生产特点与方法；掌握作物有性杂交技术。

情感目标

增强种子质量安全责任感，培养学生种子是特殊商品的意识。

任务一 认识有性繁殖

理论渗透

作物的繁殖方式可分为有性繁殖和无性繁殖两类，表1.2-1列出了作物繁殖方式的分类和相关概念：

表1.2-1 作物繁殖方式的分类和相关概念

作物繁殖方式	概念	分类	举例
有性繁殖	凡由雌雄配子结合，经过受精过程，最后形成种子繁殖后代的，统称为有性繁殖。	自花授粉	水稻、小麦、大麦、大豆等
		异花授粉	玉米、黄瓜、西瓜、南瓜等
		常异花授粉	棉花、高粱、蚕豆、粟、辣椒等
无性繁殖	凡不经过两性细胞受精过程的方式繁殖后代的，统称为无性繁殖。	植株营养体繁殖	甘薯、马铃薯、木薯、蕉芋、甘蔗等；大部分果树和花卉等（分根、扦插、压条、嫁接）。
		无融合生殖无性繁殖	孤雌生殖、孤雄生殖、不定胚

一、有性繁殖作物

（一）有性繁殖作物授粉的影响因素

1. 花器构造

两性花：又称完全花，雌雄同花，有利于自花授粉。如水稻、小麦、桃花、樱花、蔷薇、百合等。

单性花：又称不完全花，有雌花和雄花之分，有利于异花授粉，可进一步分为：

雌雄同株异花：如玉米、蓖麻、瓜类等。玉米有雌花序（果穗）和雄花序之分；蓖麻同一花序上雌花在上，雄花在下；瓜类每朵雄花或雌花在瓜藤的不同位置上。

雌雄异株：如大麻、菠菜、银杏、杨、柳、铁树、猕猴桃、香榧、杨梅、棕枣、薯蓣、石刁柏、女娄菜、天南星、啤酒花等，有雌株和雄株之分。

有些作物虽然具有完全花，但雌雄蕊异长。如棉花雌蕊柱头高于雄蕊；有的有蜜腺或有香气，能引诱昆虫散粉；有的花粉粒轻小，寿命长，容易借风力传播，有利于异花授粉；有的完全花雄蕊瘦小，花粉发育不良而败育，形成所谓雄性不育性；有的自交不亲和。这些花器构造的特点都有利于异花授粉。

2. 开花习性

有些作物，如大麦、豌豆以及花生（下部的花），在花冠未开放时就已经散粉受精，称为闭花受精，是典型的自花授粉。有些作物，如棉花等，一般是在花冠张开后才散粉，因而增加了异花授粉的机会，属于常异花授粉。有些作物，虽然具有完全花，但雌雄蕊异熟，有的雌蕊先熟，如油菜；有的雄蕊先熟，如向日葵等。一般雌雄同熟有利于自花授粉，雌雄异熟有利于异花授粉。此外，开花时间长或花开张角度大有利异交，开花时间短或花开张角度小可减少异交。

3. 营养因素

花粉粒所含物质（蛋白质、碳水化合物、生长素和矿物质等）主要为花粉管伸长和胚囊发育提供营养，如果营养不足，将导致花粉萌发率低、花粉管伸长慢、胚囊发育不良等问题，使柱头接受花粉时间缩短。上述营养问题与土壤肥力、植物状况有关；给土壤增加微量元素，如硼、钼、锰等，可以促进花器生长发育。

4. 环境因素

温度、湿度、风力、光照等影响授粉受精。

5. 生物因素

昆虫（如蜂、蝶等）影响授粉受精。虫媒花的特点是花大，颜色鲜艳，有浓郁的香味和甜美的蜜汁，利于吸引昆虫；而且其花粉较大，外壁有突起或黏质，很容易附着在昆虫的身体上。

（二）有性繁殖植物的主要授粉方式及遗传特点

有性繁殖植物授粉方式的分类、相关概念及遗传特点如表 1.2-2 所示。

表 1.2-2 有性繁殖植物授粉方式的分类、相关概念及遗传特点

授粉方式	概念	天然异交率	遗传特点	举例
自花授粉	同一朵花的花粉传到同一朵花的雌蕊柱头上，或同株的花粉传播到同株的雌蕊柱头上，称为自花授粉。通过自花授粉方式繁殖后代的作物，称为自花授粉作物。	天然异交率不超过4%。	（1）在自花授粉植物群体中，绝大多数个体基因型是纯合的，而且个体间基因型是同质的，其表现型是整齐一致的。 （2）在自花授粉植物群体中，通过人工选择产生的纯系的一致性，在以后各个世代中能较稳定地保持。 （3）自花授粉植物自交不退化，或退化缓慢。	水稻、小麦、大麦、燕麦、大豆、豆角、豌豆、花生、芝麻、绿豆、马铃薯、亚麻、烟草等。大麦自然异交率为0.04%—0.15%，大豆为0.5%—1%；稻麦（小麦）最高，为4%左右。
异花授粉	雌蕊柱头接受异株或异花花粉授粉的，称为异花授粉。通过异花授粉方式繁殖后代的作物，称为异花授粉作物。	天然异交率在50%以上，很多作物可达100%。	（1）群体内个体的基因型杂合，个体间在基因型与表现型上不一致（异质）。 （2）从群体中选择优良个体，后代总是出现性状分离，表现出多样性，优良性状难以稳定遗传下去。为获得稳定的纯合后代和保证选择效果，必须在适当控制授粉的条件下，进行多次选择。 （3）异花授粉植物自交会导致生活力显著衰退，称为自交衰退。主要性状处于同质杂合状态，后代生活力退化程度不同。	①雌雄异株：如大麻、蛇麻、石刁柏、毛白杨、油桐、桑树等。 ②雌雄同株异花：如玉米、黄瓜、西瓜、南瓜、甜瓜、葡萄、蓖麻、柿树、板栗、核桃、无花果等。 ③雌雄同花但自交不亲和：如黑麦、甘薯、白菜型油菜、白菜、萝卜、苹果、杏、柑橘等。 ④雌雄同花但雌雄不同期成熟或花柱异型：如向日葵、甜菜、荞麦、李、葱、芹菜、胡萝卜等。

（续表）

授粉方式	概念	天然异交率	遗传特点	举例
常异花授粉	一种作物同时依靠自花授粉和异花授粉两种方式繁殖后代的，称为常异花授粉作物。常异花授粉作物通常仍然以自花授粉为主要繁殖方式，同时存在一定比例的自然异交，是自花授粉作物和异花授粉作物的过渡类型。	天然异交率在5%—50%，且变幅较大。	1. 因为以自花授粉为主，所以作物主要性状多处于同质纯合状态。 2. 如果在人工控制条件下进行连续自交，与异花授粉作物相比较，后代一般不会出现显著的退化现象。	常见的常异花授粉作物有棉花、甘蓝型油菜、芥菜型油菜、高粱、蚕豆、粟、辣椒等。苹果、梨、桃、杏、李子、柿子等果树是常异花授粉的（这些树种进行自花授粉，坐果率还是比较高的）。如陆地棉的天然异交率为1%—18%，蚕豆为17%—49%，甘蓝型油菜为10%—30%。

知 识 拓 展

探究有性繁殖方式

任务二 认识无性繁殖

理 论 渗 透

无性繁殖的分类、相关概念及遗传特点如表1.2－3所示。

表 1.2-3 无性繁殖的分类、相关概念及遗传特点

无性繁殖	概念	遗传特点	举例
营养体繁殖	许多植物的植株营养体部分，如植株的根、茎、叶、芽等营养器官及其变态部分如块根、球茎、鳞茎、匍匐茎、地下茎等，具有再生繁殖能力，可采取分根、扦插、压条、嫁接等方法繁殖后代。主要利用营养体繁殖后代的方式，称为营养体繁殖。	由营养体繁殖的后代称为无性系，它来自母本的营养体，保持着其母体的性状而不发生或极少发生性状分离现象。因此，一些不易进行有性繁殖而又需要保持品种优良性状（如杂种的优势）的作物，可利用无性系保持种性。	甘薯、马铃薯、木薯、蕉芋、甘蔗等。大部分果树和花卉也是采用营养体繁殖后代的。
无融合生殖	植物的雌雄性细胞，甚至雌配子体内的某些单、二倍体细胞，不经过正常受精和两性配子的融合过程而直接形成种子以繁衍后代的方式，称为无融合生殖。	无融合生殖所获得的后代，无论来自母本的性细胞或体细胞，还是来自父本的性细胞，其共同的特点是都没有经过受精过程，即都未经过雌雄配子的融合过程而直接形成胚，最后形成种子（后代）。这些后代只具有母本或父本一方的遗传物质，表现母本或父本一方的遗传性状，所以仍然属于无性繁殖的范畴。	无孢子生殖、二倍体孢子生殖、不定胚生殖、孤雌生殖、孤雄生殖。

无性繁殖的常见方式：孢子生殖、块茎繁殖、根茎繁殖、不定根、枝条嫁接等。

根茎繁殖的利用形式有很多种，比如，有的可以直接把根茎切块然后培育成新植株。但需要注意的是，不同的植物能够繁殖的部位也不同，比如，常见的芦荟掰一小段埋在适宜的培养基中就可以了，马铃薯块则要有至少一个芽眼才能成活。

草莓的茎是匍匐在地面上的，每生长一段就会生出须状根向土壤里钻，这时切断那根茎，切下来的那部分茎就形成了新植株。

无性繁殖的应用：无性繁殖是植物传宗接代的一种便利和有效的手段，它的好处是明显的。无性繁殖不需要在其他个体的帮助下就能完成，繁殖能够从实质上得到保证；母体的有用特性形成之后，在后代身上不会很快变异；后代会跟母体一模一样，可保持母体品种的纯度。因无性繁殖能保持原品种的优良性状，防止串花退化，所以花药培养、组织培养利用的也是无性繁殖。无性繁殖的如桃、梨等，也可用有性繁殖，但实生苗品种往往性状分离，而不再是原来母体的品种。

知识拓展

营养繁殖的应用

任务三 认识各类品种的育种途径和种子生产特点

理论渗透

作物品种的特点、育种途径和种子生产特点各不相同，详见表 1.2 - 4。

表 1.2 - 4 作物品种的特点、育种途径和种子生产特点

作物类型	品种特点	育种途径	种子生产特点
自花授粉作物	同质纯合；理论亲本系数达到 0.87 或更高	自花授粉加单株选择。拓宽遗传变异范围，在大群体中进行单株选择。	自花授粉作物常规品种的种子生产技术比较简单，品种保存相对容易；主要是防止各种形式的机械混杂，其次是防止生物学混杂，但是对隔离条件的要求不太严格，适当采取隔离措施即可。
异花授粉作物	同质杂合异质杂合	杂种优势利用。包括两个育种程序：一是亲本自交系育种，二是杂交组合育种。	异花授粉作物的种子生产较为复杂，包括杂交制种和亲本繁殖两大环节。杂交亲本的种子生产和常规品种基本相同。需要注意的是，由于异花授粉作物天然杂交率高，所以为了防杂保纯，无论杂交制种，还是亲本繁殖，都需要采取严格的隔离措施，去杂去劣，控制授粉。
常异花授粉作物	同质纯合异质纯合异质杂合	常规品种选择，杂种优势利用。	常异花授粉作物常规品种的种子生产与自花授粉作物一样。杂交种品种的种子生产包括杂交制种及其亲本繁殖两大环节。需要注意的是，由于常异花授粉作物天然杂交率比较高，所以为了防杂保纯，无论杂交制种，还是亲本繁殖，都需要采取严格的隔离措施，去杂去劣，控制授粉。
无性繁殖作物	同质杂合	有性杂交和无性繁殖相结合。利用杂交重组丰富遗传变异；在分离的 F_1 实生苗中选择优良单株（选出优良杂交组合）；利用无性繁殖迅速固定其优良性状和杂种优势；选择优良芽变。	因为无性繁殖作物不会发生天然杂交，不用设置隔离。但是，无性繁殖作物的天然变异较多，在芽的分生组织细胞发生的突变称为芽变。选择优良芽变是无性系品种育种的有效方法，而淘汰不良芽变则是在无性系品种繁殖时保纯的必要措施。

一、作物育种方法与作物繁殖方法的关系

作物育种方法与作物繁殖方法密切相关。

自交作物群体主要是一些纯合基因型混合体；也可能是单一基因型，但异质性不大或同质，遗传上高度纯合。这类作物宜采用混合选择、纯系育种、杂交育种（主要是品种间杂交）和回交育种，最终目的是育成纯合度高的品种。但同是自交作物，育种方法也不尽一致。

异交作物群体是异质的，含有很多不同的基因型，在遗传上高度杂合，自交后呈现不同程度的衰退，再杂交时又恢复正常。这类作物宜采用混合选择、轮回选择、自交系间杂交和综合杂交。

无性繁殖作物用营养器官繁殖后代，育成的品种虽表型整齐一致，但基因型却高度杂合，常会产生突变或芽变，因而可对其进行选择。

二、作物育种流程

作物育种的流程，见图 1.2 - 1。

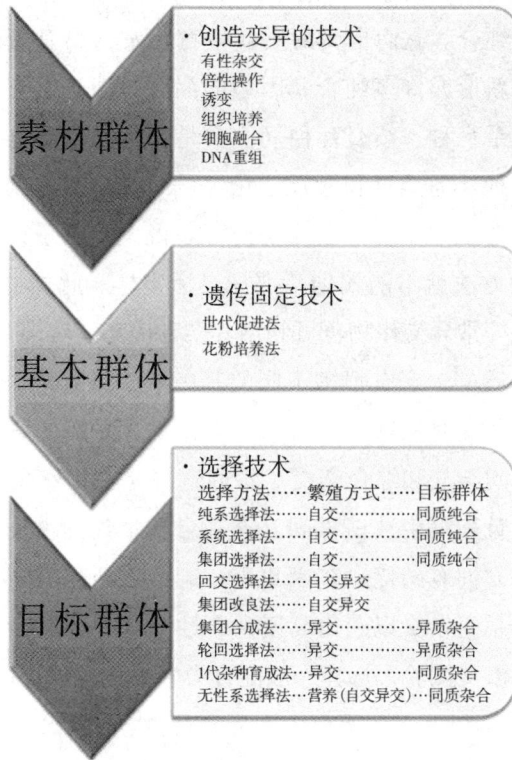

图 1.2 - 1　作物育种的流程

第一步，在作为育种材料的素材群体中创造遗传变异，培育出作为改良基础的育种基本群体。这个群体含有丰富的遗传变异供人工选择；

第二步，从基本群体中，仔细选择具备优良性状的植物体，在控制授粉的基础上，培育出系统（或者群体）；

第三步，详尽地调查这些系统的性状，选出具有符合育种目标性状的系统进行增殖，培育成目标群体。

三、作物育种方法

（一）育种的基本步骤

第一步，发现或创造所需要的遗传变异；第二步，根据育种目标进行选择，使综合性状趋向稳定；第三步，品种的决选、繁殖和推广。

（二）作物育种方法与作物繁殖方式有密切关系

有性繁殖作物基本上可分为天然异交率小于4%的自花授粉作物和天然异交率大于50%的异花授粉作物两大类。介于两者之间的常异交作物，因其适用的育种原理和方法与自交作物基本相同，故在育种上常被归入自交作物一类。但具有相同繁殖方式的作物，因花器构造和开花习性不同，所能采用的育种方法也常有差别。

自交作物群体主要是一些纯合基因型混合体；也可能是单一基因型，但异质性不大或同质，遗传上高度纯合。它们自交的后代生育正常，没有衰退现象；杂交后经过若干代自花传粉，又重新形成许多纯合基因型的混合体。对这类作物宜采用的育种方法主要是混合选择、纯系育种、杂交育种（主要是品种间杂交）和回交育种，最终目的是育成纯合度高的品种。但烟草和大豆、花生虽同是自交作物，育种方法也不尽一致：烟草很容易自交和人工杂交，一次传粉便可获得大量种子；而大豆和花生则因人工杂交较为费事，育种方法就不能如烟草那样灵活多样。此外，水稻、烟草、番茄等自交作物和高粱、棉花等常异交作物也可利用其杂种优势。

异交作物群体是异质的，含有很多不同的基因型，在遗传上高度杂合，自交后呈现不同程度的衰退，再杂交时又恢复正常。这类作物宜采用的育种方法主要是混合选择、轮回选择、自交系间杂交和综合杂交。轮回选择是高一级的混合选择，即不仅根据母本植株的性状，而且根据中选植株间互交和自交早代的测交表现，轮复一轮地选优杂交，把母、父本双方拥有的优良基因集聚一起，以便随时从中筛选优良自交系或合成综合杂交种。自交系间杂交以获得高度杂合性（即最大的杂种优势）为目标。综合杂交种是根据测交或多交测验，选择一般配合力好的优良自交系或无性系（多为5—10个）混合种植，任其随机互交，所产生的异质性大、杂合度高的群体。异交作物群体的异质性可大可小，而杂合度则越高越好。但同是异花授粉作物，育种方法也有不同。如玉米自交或杂交都较简单易行，一次授粉就能收到许多自交或杂交种子，因而便于利用杂种优势；而苜蓿则因具有不同程度的自交不亲和性，其花器构造使人工自交和杂交都较困难。此外，不少十字花科植物也因存在自交不亲和性，正常自交不能结实，而只能采取与玉米不同的育种程序和方法。

无性繁殖作物如马铃薯、甘薯、甘蔗、草莓等用营养器官繁殖后代，所育成的品种虽表型整齐一致，但基因型却高度杂合。它们常会产生突变或芽变，因而可对其进行选择；在有些地区或特定条件下还可对其进行有性繁殖，给杂交改良和杂种优势利用提供便利。同时，用营养器官繁殖的后代，由于从杂合基因型植株所衍生的性状整齐的无性系可代代相传而不分离，也有利于推广应用。此外还有一种不经受精而结"种子"，或不通过性细胞融合而以营养生殖过程代替有性生殖的类型，通称无融合生殖。这种生殖方式妨碍基因重组，不容易出现新类型，但如发生频率高，通过人工杂交一旦筛选出新的优良组合后，就可相对保持其杂种优势，这在多年生牧草、银胶菊等作物上已见应用。

（三）世代促进、花药培养

为确定符合育种目标性状的增殖目标，以培育目标群体，应在严格管理这些方法作出的育种基本群体的繁殖方式的基础上，选择具有优良性状的植物个体或者系统。对自花授粉作物的改良，或对异花授粉作物近交系的改良，从纯合度高的基本群体中进行选择效果好。为此，可使用世代促进、花药培养等作为促进基本群体纯合的方法。

世代促进：是指通过在特定的生育阶段给予短日处理或低温处理，缩短植物的生活周期，使其在短期内反复增代，以促进群体纯合化。

花药培养：是指把发育到一定阶段的花药，通过无菌操作技术接种在人工培养基上，以改变花药内花粉粒的发育程序，诱导其分化，使其连续进行有丝分裂，形成细胞团，进而形成一团无分化的薄壁组织——愈伤组织，或分化成胚状体，随后再使愈伤组织分化成完整的植株。

由于植物的繁殖方式不同，人们研发出了各种各样的选择技术，如：把使用世代促进法获得的具有一定程度纯合化的高代杂种群体作为基本群体的混合选择法；利用杂合性高的杂种初期世代的基本群体进行选择的系谱法；等等。

项目小结

本项目主要学习了作物有性繁殖、无性繁殖及各类作物品种的育种途径和种子生产特点。

有性繁殖作物授粉的影响因素包括：花器构造、开花习性、营养因素、环境因素、生物因素。有性繁殖作物分为：自花授粉作物、异花授粉作物和常异花授粉作物。

无性繁殖作物的分类及特点。无性繁殖在生产上的应用：分根育苗、压条、扦插、嫁接等。

育种的基本步骤：第一步，发现和创造所需要的遗传变异；第二步，根据育种目标进行选择，使综合性状趋向稳定；第三步，品种的决选、繁殖和推广。

作物育种方法与作物繁殖方法密切相关。

作物的育种目标是高产、优质、适应性强、生育期合适、适合机械化作业。育种原始材料、品种资源、种质资源、遗传资源、基因资源是一类内涵大体相同的名词术语，一般是指具有特定种质或基因、可供育种及相关研究利用的各种生物类型。育种方法包括常规方法和非常规方法。

复习思考题

1. 哪些花器构造和开花习性有利于异花授粉？哪些花器构造和开花习性有利于自花授粉？

2. 解释自花授粉作物、异花授粉作物、常异花授粉作物和无性繁殖作物概念。

3. 农作物品种有哪些基本特性？

4. 不同类型品种群体的育种特点和种子生产特点各是什么？

项目三　品种保持和品种退化

知识目标

品种的概念；品种群体的遗传稳定性；品种退化的概念。

能力目标

了解常见农作物品种保持的意义；知道品种退化的原因及如何预防；掌握主要农作物品种混杂退化的防止措施。

情感目标

增强种子质量安全责任感；具有团结协作、协调沟通能力。

任务一　品种和品种保持

一、品种

作物品种是指人类在一定生态和经济条件下，根据生产和生活需要，通过人为干预等措施所创造的遗传稳定、形态一致、符合生产需要的作物群体。新品种必须具备"三性"，即特异性、一致性和稳定性。特异性是指一品种具有明显区别于其他品种的性状和特点；一致性是指品种的主要性状要整齐一致，其变异度不能超过规定的范围；稳定性是指品种的主要性状与特征在不同代别与测试地点所表现的趋势一致性或相同度。

二、品种群体的遗传稳定性

（一）同型群体、异型群体

同型、异型指的是群体内的遗传类型。以一个位点为例，群体内都是 AA，或者都是 Aa，再或者都是 aa，就叫同型；群体内有不止一种遗传类型的就叫异型。

纯合性、杂合性描述的是个体遗传类型状况。如个体的位点上是 AA 或者 aa，就是纯合；个体位点上是 Aa，就是杂合。

由此，品种群体便分为了四种：同型纯合群体、同型杂合群体、异型纯合群体、异型杂合群体。

基因型频率是指不同基因型的个体在全部个体中所占的比率。全部基因型频率的总和为 1 或 100%。每个品种不同基因型个体所占的比例叫该品种的基因型频率，有时称基因组成。基因型频率确定，则基因频率确定；基因频率确定，而基因型频率不一定确定。

（二）自交和异交的遗传效应

若品种群体的子代与亲代基因型频率保持不变，则称之为遗传平衡群体。

1. 异交群体的遗传平衡

在长期开放授粉的条件下，异花授粉作物品种群体的基因型是高度杂合的，且群体内个体间的基因型是异质的，没有基因型完全相同的个体。这样的群体属于典型的异质杂合群体。因此，它们的表现型是多种多样的，缺乏整齐一致性，且其基因型与表现型不一致，根据表现型选择的优良性状常不能在子代重演。

但是，在一个封闭的体系，即没有选择、突变、遗传漂移等影响的体系中，经过若干代群体内个体间的随机交配，群体内各种基因的频率和基因型频率将不再发生改变，即保持遗传平衡状态。这便是著名的 Hardy – Weinberg 法则。异花授粉作物的"综合品种"便处于这样的状态，从而形成一种特殊的异质杂合群体，因而也能在生产上应用多年。异交群体遗传平衡的特点：（1）遗传平衡速度快。（2）等位基因的差异在配子比例上反映出来，包含纯合的、杂合的个体；杂合体不可能消失。

2. 自交群体的遗传平衡

以一对杂合基因型 Aa 为例：自交使群体中同时出现 AA、Aa 和 aa 三种基因型，性状发生了分离。这种个体间基因型不同质，且个体同源染色体上等位基因表现杂合的群体，称为异质杂合群体。自花授粉作物单交 F_2 群体大致属于这种群体类型。

如果对 Aa 基因型不加选择，只连续进行自交，则每自交一代，群体中纯合基因型的个体数递增 1/2，而杂合基因型的个体数递减 1/2。按下式可以计算出自交各代纯合体数目的比率：

$$Xn（\%）=（1-1/2^r）\times 100$$

其中，Xn 为自交代纯合体比例，r 为自交代数。

再以一对杂合基因型 Aa 为例：连续自交 7 代，后代群体中的纯合体（AA 和 aa）比例已达 98% 以上。如果再继续自交下去，群体中杂合体（Aa）数目将可忽略不计。这时获得的群体中各个个体的基因型纯合，但个体间基因型不同。这种存在若干种遗传上不同的纯合基因型的群体，称为异质纯合群体。异质杂合和异质纯合群体，都是育种工作进行选择的群体。

如果某一性状是由 n 对基因控制，那么自交各代纯合体的比率可改为：

$$X_n（\%）= (1-1/2^r)^n \times 100$$

很显然，随着杂合基因对数的增加，这一性状的纯合进程将变慢。自交群体遗传平衡的特点：遗传平衡速度慢；杂合体在遗传平衡时消失。

3. 常异交群体的遗传平衡

特点：异交作用远远大于自交作用；平衡速度比异交慢，比自交快，杂合体不可能消失；杂合体比例低于异交群体，纯合体比例低于自交群体。

4. 无性繁殖系

无性繁殖系即克隆，又叫营养系，是指由母体一个无性器官或一个细胞以无性繁殖的方式而产生的一群细胞或一群个体。

无性繁殖系遗传平衡是普遍的，所有群体最终都能达到平衡，这是品种稳定的基础。

无性繁殖系遗传平衡的条件：封闭环境，不能有外来基因；不考虑突变；没有人为选择；假定等位基因的存活复制、繁殖力相同。

任务二 品种混杂和退化

一、品种混杂和退化的概念

在生产过程中，随着繁殖代数的增加，作物种子会发生品种纯度降低、典型性下降及种性变劣、抗逆性减退、适应性减退、产量品质下降等混杂退化现象。所以说，种子的生产过程就是严格防止品种混杂、退化的过程。

品种混杂是指一个品种群体内混进了其他作物或异品种的种子、基因，或者其上一代发生了基因突变，从而导致后代群体中出现基因变异，造成品种纯度降低的现象。

品种退化是指品种遗传基础发生了劣变，使品种的一些特征特性发生了变异，尤其是经济性状变劣、抗逆性减退、适应性减退、产量品质下降，最终丧失在农业上的利用价值。

二、种子生产的目标

种子生产的目标就是利用遗传学、育种学、栽培学理论，采用各种技术措施提高繁殖系数，加快种子繁殖速度，保持品种优良特性，防止品种混杂、退化，生产出合乎国家质量标准要求的合格的种子。

任务三　品种退化的表现、危害及原因

一、品种退化的表现

第一，群体生产力下降；

第二，因遗传变异而非环境因素造成生产力下降；

第三，通常不可逆转；

第四，退化是指针对人的要求而言的。

二、品种退化的危害

典型性变化和生长不整齐是其主要表现，产量和产品品质下降是其最终的反应和结果。

三、品种退化的原因

引起品种混杂、退化的原因很多，而且比较复杂，归纳起来，主要有以下几个方面。

（一）机械混杂

机械混杂是指在种子生产、加工及流通等环节中，由于各种条件限制或人为疏忽，导致异品种或异种种子混入的现象。

机械混杂是各种作物混杂、退化的最重要原因，其主要表现为以下三个方面：种子生产过程中人为造成的混杂；种子田连作；种子田施用未腐熟的有机肥。

机械混杂是自花授粉作物混杂退化的最主要原因。

（二）生物学混杂

生物学混杂是指由于天然杂交而使后代产生性状分离，并出现不良个体，从而破坏了品种的一致性。生物学混杂是异花授粉作物、常异花授粉作物发生混杂、退化的主要原因之一。

发生天然杂交的原因：一是在种子生产过程中，没有按照规定将不同的品种进行符合规定的隔离；二是品种本身已发生了机械混杂但是去杂又不彻底，从而导致不同品种间发生天然杂交，引起群体遗传组成的改变，使品种纯度、典型性、产量和品质降低。

有性繁殖作物均有一定的天然杂交率，都有可能发生生物学混杂，但严重程度不同。异花授粉作物的天然杂交率较高，若不注意采取有效的隔离措施，极易发生生物学混杂，而且混杂发展非常快；如玉米。常异花授粉作物虽然以自花授粉为主，但是

花器构造便于杂交；如棉花。自花授粉作物一般不易天然杂交，但是在机械混杂严重时，天然杂交率也会增加，从而造成生物学混杂。

（三）品种本身的变异

品种本身的变异是指一个品种在推广以后，由于品种本身残存异质基因的分离重组和基因突变等原因而引起性状变异，导致混杂、退化。

品种或自交系可以看成一个纯系。但是这种"纯"是相对的，个体间的基因组成总会有些差异。尤其是通过杂交育成的品种，在最初主要性状整体表现一致的同时，一些微效多基因控制的数量性状在很多个体中以不易显现的状态不同程度地存在着，也就是说，该品种个体遗传基础间实际上是存在差异的，该品种并非完全纯合。在种子生产过程中，这些异质基因不可避免地会陆续分离、重组，导致个体性状差异变大，品种的典型性、一致性降低，纯度下降。这种状况随着种子生产和种植的代数增加而表现得越发明显。

一个新品种推广后，在各种自然条件和生产条件下，可能发生不同的基因突变。研究表明，作物性状的自然突变也许对作物的植物学性状有益，但是大多数对人类是无益的。这些突变一旦被保留下来，就会通过自身繁殖和生物学混杂方式，使后代群体中变异类型和变异个体数量增加，导致生物学混杂的产生和加重。

（四）不正确的选择

在种子生产过程中，特别是在原种生产时，如果对原种的特征特性不了解或者了解不够，不能按照品种的特征特性的典型性进行选择和去杂去劣，就会使群体中杂种增多，导致品种混杂、退化。如：棉花、高粱间苗，壮苗可能是杂种苗。在玉米自交系繁育时，留下的壮苗往往是杂种苗。甘薯剪蔓繁殖时，往往挑选长蔓的植株，随着代数增加，甘薯蔓会逐渐变长。

（五）不良的环境和栽培条件

一个优良品种的优良性状是在一定的环境条件和栽培条件下形成的，如果栽培条件和环境条件不适应品种生长发育，则品种的优良种性得不到充分发挥，进而会导致某些经济性状的衰退、变劣。特别是异常环境条件，还可能引起品种的不良突变或病变，严重影响其产量和产品品质。

（六）病毒侵染

病毒侵染是引起甘薯、马铃薯等无性繁殖作物混杂、退化的主要原因。病毒一旦侵入健康植株，就会在其体内扩繁、传输、积累，并随着其块根、块茎等的无性繁殖，从上一代传给下一代。一个不耐病毒的品种，经过4—5代就会出现绝收；即使是耐病毒的品种，其产量和产品品质也会不断下降。

抗病性的退化，一方面是由品种基因型变化造成的；另一方面是由病原菌基因型变化造成的，如病原菌的积累、病原菌致病力的变化、病原生理小种的变化。植物与病原物之间存在相互作用及协同进化。

总之，品种混杂、退化有多种原因，各种因素之间又相互联系、相互影响、相互作用。其中，机械混杂和生物学混杂影响较为普遍，在品种混杂、退化中起着主要作用。因此，我们必须采取综合技术措施，解决防杂保纯的问题。

任务四　品种防杂保纯的基本措施

品种混杂、退化有多种原因，因此防止混杂、退化是一项复杂的工作，它技术性强，持续时间长，涉及种子生产的各个环节。为了做好这项工作，必须加强组织领导，制定规章制度，建立健全大田用种繁育体系和专业化种子生产队伍，坚持"防杂重于除杂，保纯重于提纯"的原则。在技术方面，需要抓好以下几方面工作。

一、建立严格的种子生产规则，防止机械混杂

机械混杂是各种作物品种混杂、退化的主要原因之一，预防机械混杂是保持品种纯度和典型性的重要措施。要在种子田安排、种子准备、播种一直到收获、收藏的全过程中，认真遵守国家和地方的种子生产技术操作规程，力争杜绝机械混杂的发生。具体可从以下六个方面抓起：合理安排种子田的轮作和布局；认真核实种子的接受和发放手续；在种子处理和播种工作中严防机械混杂；种子田要施用腐熟的有机肥；严格遵守种子田按品种分别收获、运输、脱粒、晾晒、贮藏等操作规程；严格遵守种子出入库要手续登记、种子包装内外加标签等种子库管理制度。

二、采取隔离措施，预防生物学混杂

对于容易发生天然杂交的异花授粉、常异花授粉作物，必须采取严格隔离措施，避免因风力或昆虫传粉造成生物学混杂。自花授粉作物也应进行适当的隔离。隔离方法有以下几种，可以因地制宜选用。

（一）空间隔离

在种子田四周一定距离内不能种植同一作物的其他品种，具体距离视作物的花粉数量、传粉能力、传粉方式而定。例如，风媒传粉的玉米制种区一般隔离距离为200m以上，自交系繁殖区隔离距离500m以上，虫媒异花授粉作物制种区和亲本繁殖区隔离距离分别在500m以上和1 000m以上。

（二）时间隔离

通过调节播种或定植时间，使种子田的开花期与四周田块同一种作物其他品种的开花期错开。一般春玉米播种期错开40天以上，夏玉米播种期错开30天以上，水稻花

期错开 20 天以上。

（三）自然屏障隔离

利用山丘、树林、果园、村庄、堤坝、建筑等进行隔离。

（四）高秆作物隔离

在使用上述方法困难时，可采用高秆作物进行隔离。

（五）套袋、夹花或网罩隔离

这是最可靠的隔离方法，一般在提纯自交系、生产原种以及少量的蔬菜制种时应用。

三、严格去杂去劣

种子繁殖田必须采取严格的去杂去劣措施，一旦繁殖田出现杂劣株，应及时除掉。杂株指非本品种的植株；劣株指本品种感染病虫害或生长不良的植株。去杂去劣应在熟悉品种各个生育期典型性性状的基础上分次进行，务求干净彻底。

四、定期进行品种更新

种子生产单位应不断生产原种或者向育种单位引进原种，坚持每隔 1—3 年定期更新一次原种。用纯度高、质量好的原种生产大田用种，是保持品种纯度和种性、防止混杂退化、延长品种使用年限的一项重要措施。

五、改变生育条件

对于某些作物，可以采用改变种植区生态条件的方法进行种子生产，以保持品种种性，防止混杂、退化。例如，马铃薯在高温条件下退化会加重，所以平原地区不要春播留种，可以在高纬度地区或高海拔山区繁殖大田用种后调到平原种植，或采取就地秋播留种的方法克服退化问题。再如，在我国福建、浙江、广东等省，水稻种子生产常采用翻秋栽培的方法留种，以防止种子退化。

六、脱毒

对甘薯和马铃薯等易发生病毒侵染的无性繁殖作物，可以通过茎尖分生组织培养脱毒。

茎尖分生组织生长快速，体内的病毒侵染速度慢于分生组织生长，因而越是新生出来的分生组织越不会被病毒侵染。切下茎尖分生组织进行组织培养，成苗后再在无毒条件下切段快繁，即利用茎尖不含病毒的部位快繁脱毒，获得无病毒植株，进而繁殖无病毒种薯，可以从根本上解决退化问题。这是近十多年来在甘薯、马铃薯种子生产上取得的突破性成果，已在我国广泛利用。

七、利用低温低湿条件贮藏原种

由于品种繁殖的世代越多，发生混杂的机会越多。因此，利用低温低湿条件贮藏原种是有效防止混杂退化、保持种性、延长品种使用寿命的一项先进技术。近年来，美国、加拿大、德国、中国等国家都相继建立了低温、低湿的恒温库来贮藏种子，以保存原种，减少繁殖世代，减少品种退化的机会，有效地保持品种纯度和典型性。

知识拓展

纯系学说

项目小结

本项目主要讲解了品种、品种保持、品种混杂、品种退化、品种混杂和退化的原因以及防止品种混杂和退化的方法。在品种的鉴定中经常用到品种的"三性"（稳定性，特异性，同一性）。不同类型的品种群体遗传平衡特点不同，应该按照不同的措施防止混杂和退化。

复习思考题

1. 解释品种、品种保持、品种退化、品种混杂，品种的遗传稳定性、特异性、同一性的概念。

2. 简述品种混杂和退化的原因。

3. 简述防止品种混杂和退化的措施。

4. 简述自交群体、异交群体、常异交群体，以及无性繁殖系群体的遗传平衡特点。

项目四　种子生产程序

学习目标

知识目标

种子生产程序的概念；种子的级别分类；原种生产程序。

能力目标

了解重复繁殖法的程序和意义；了解循环选择的程序和意义；掌握大田用种繁育程序及加速繁育的措施。

情感目标

增强种子质量安全责任感。

任务一　种子级别分类

一个新品种通过审定被批准推广之后，就要对其进行不断的繁殖，并须在其繁殖过程中保持其原有的优良种性，以不断地生产出数量多、质量好、成本低的种子，供大田使用。一个品种按繁殖阶段的先后、世代的高低所形成的生产用种生产过程叫种子生产程序。

种子级别的实质是种子质量的级别，它主要是以繁殖的程序、代数来确定的。国际作物改良协会把纯系种子分为4级，其顺序为：育种家种子、基础种子、登记种子、检验种子。美国和日本都实行国际标准，日本把上述四级种子分别称为育种家种子、原原种、原种、证明种子（或市售一般种子，即生产用种），加拿大在育种家种子与基础种子间多设置了1级——精选种子。这些国家都是以育种家种子来定期更新繁殖生产用种的，依此等级划伤来看，最低级种子为检验种子，即生产用种，其下代是不许再用来作为生产用种的。按照《粮食作物种子　第1部分：禾谷类》（GB 4404.1—2008），我国种子的分类级别是育种家种子、原种和大田用种。

一、育种家种子

育种家种子是指育种家育成的遗传学稳定的品种或亲本种子的最初一批种子。育种家种子是用于进一步繁殖原种的种子。

二、原种

原种是指用育种家种子繁殖的 1—3 代或按原种生产技术规程生产的达到原种标准的种子。原种是用于进一步繁殖大田用种的种子。

三、大田用种

大田用种是指用常规的原种繁殖的 1—3 代或杂交种达到大田用种质量标准的种子。大田用种是供应大田大面积使用的种子，即生产用种。

▪▪ 任务二 原种生产程序 ▪▪

原种在种子生产中起着承上启下的作用，各国对原种的繁殖代数和质量都有一定的要求。搞好原种生产是整个种子生产过程中最基本和最重要的环节。

一、自花授粉作物和常异花授粉作物的原种生产

在原种生产中，主要存在着两种不同的程序：一种是重复繁殖程序；一种是循环选择程序。

（一）重复繁殖程序

重复繁殖程序又称保纯繁殖程序，要求种子生产要在限制世代基础上进行分级繁殖。具体来说，就是每一轮种子生产的种源都是育种家种子，每个等级的种子经过一代繁殖只能生产较下一等级的种子，从育种家种子到生产用种，最多繁殖 4 代；下一轮种子生产依然重复从育种家种子到生产用种的相同的过程。

国际作物改良协会把纯系种子分为 4 级，我国有些地区和生产单位采用的 4 级种子生产程序（育种家种子、原原种、原种、大田用种）也属此类程序。

我国目前实行的育种家种子、原种、大田用种 3 级繁殖程序也属于重复繁殖程序，但是这种种子级别较少，要生产足量种子，每个级别一般要繁殖多代。如原种要用育种家种子繁殖的 1—3 代，大田用种要用原种繁殖的 1—3 代，这样从育种家种子到生产用种，最少繁殖 3 代，最多繁殖 6 代，其种子生产程序虽然是分级繁殖，但是没有限制世代。如图 1.4 - 1 所示。

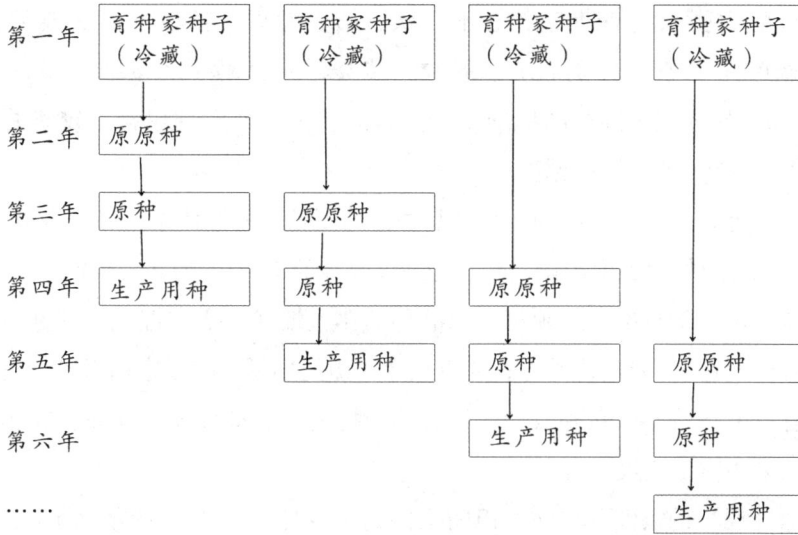

图 1.4 - 1　重复繁殖程序示意图

重复繁殖程序既适用于自花授粉作物和常异花授粉作物常规品种的种子生产，也适用于杂交种亲本自交系和"三系"（雄性不育系、保持系、恢复系）种子的生产。

（二）循环选择程序

循环选择程序是指从某一品种的原种群体中或其他繁殖田中选择单株，通过"个体选择、分系比较、混系繁殖"生产原种，然后扩大繁殖生产用种。如此循环提纯生产原种的方法实际上是一种改良混合选择法，主要用于自花授粉作物和常异花授粉作物常规品种的原种生产。根据过程长短的不同，该法又可分为三圃制和二圃制。

1. 三圃制原种生产程序

三圃制原种生产程序如图 1.4 - 2 所示。

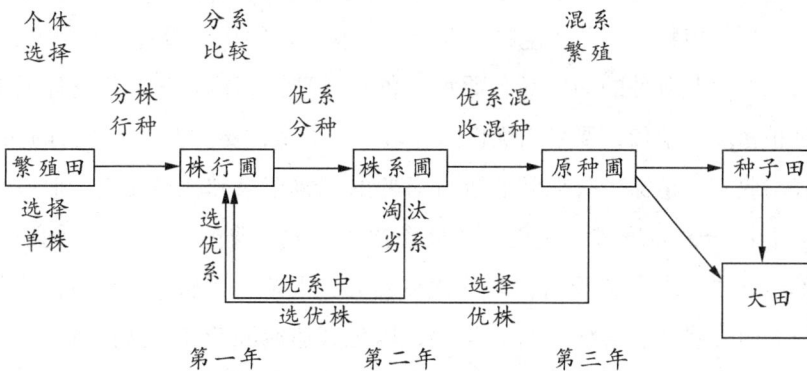

图 1.4 - 2　循环选择繁殖三圃制原种生产程序示意图（洪德林，2003）

（1）选择典型优株（穗）

在品种纯度高的地块或即将推广的品种中，根据品种的特点，选择植株健壮、丰

29

产性好、抗病力强及生育期适当、不倒伏、结实性好、籽粒饱满的典型优良单株（穗）。入选单株（穗）分别收获、脱粒、装袋，充分晒干后妥善贮藏，供下年株（穗）行比较鉴定使用。选择的标准要严，数量要大，使原种包含有较多的原始单株（穗）后代，并能生产足够的原种。

①选株（穗）的对象：必须在生产品种的纯度较高的群体中选择。可以从原种圃、株系圃、原种繁殖的种子生产田，甚至是纯度较高的丰产田中进行选择。

②选株（穗）的标准：必须符合原品种的典型性状。要掌握统一的标准，不能只注重选奇特株（穗），要选优秀株；要重点放在田间选择，辅以室内考种。选择参照的重点性状有：丰产性、株间一致性、抗病性、抗逆性、抽穗期、株高、成熟期及便于区分品种的某些质量性状。

③选株（穗）的条件：要注意田间条件的一致性。不能在缺苗、断垄、地边、有机肥多的地方选择，更不能在存在病虫害检疫对象的田中选择。

④选株（穗）的数量：根据下一年株（穗）行圃的面积和作物的种类而定。为了确保选择的群体不偏离原品种的典型性，选择数量要大。

⑤选株（穗）的时间与方法：田间选择在品种性状最明显的时期进行，如禾谷类作物可以在幼苗期、抽穗期、成熟期进行。一般在抽穗期、开花期初选和标记；在成熟期根据后期性状复选，入选的单株（穗）分别收获；收入室内后再按照株、穗、粒等性状进行决选。最后，入选的单株（穗）分别脱粒、编号、保存，下年进入株（穗）行比较鉴定。

（2）株（穗）行圃（进行株行比较鉴定）

①种植。上年入选的单株（穗）种在株（穗）行圃进行比较鉴定。试验要求地势平坦，肥力均匀，土壤肥沃，旱涝保收，以便进行正确的比较鉴定。要注意隔离安全，尤其是常异花授粉植物，要防止生物学混杂。试验采用间比法设计，每隔9或19个株行种一个对照，对照所种的为本品种原种。各株（穗）行的播量、株行距及管理状况要一致，种植密度要偏稀，要采用优良的栽培管理措施，要设不少于3行的保护行。

②选择与收获。植株生长期间要进行必要的观察记录和比较鉴定。收获前要综合各株（穗）行的全部表现进行决选，严格淘汰生长差、典型性不符合要求的株（穗）行。入选的株（穗）行，既要行内各株优良整齐，无杂、劣株，又要行间主要性状表现一致。收获时先将杂、劣株（行）运出，以免其遗漏混杂在入选的株行中；再将优良典型、整齐一致的株（穗）行混收，下年混合繁殖。有的植物也可将入选株（穗）行分别收获，分别脱粒，分别保存。以便下年进行株（穗）系比较试验。

（3）株（穗）系圃

上年分别收获的株（穗）行不混合，分别种于株（穗）系圃，每系为一小区，对其典型性、丰产性等进一步比较鉴定。试验采用间比法设计，每隔9或19个株行种一个对照，对照所种的为本品种原种。观察评比的选留标准与株（穗）行圃相仿。入选株（穗）系视情况以系为单位收获，脱粒后再混合或混合收获一起脱粒，所得种子精选后妥善贮藏。

（4）原种圃

将上年入选株系的种子混系播种于原种圃，以繁殖产生原种。原种圃要求隔离安全，土壤肥沃，采用先进的农业技术和稀播等措施，提高繁殖系数。观察、收获时要严格去杂去劣。收获后单脱、单藏，严防机械混杂和各种损害。收获的种子经过检验，符合国家规定的原种质量标准即可作为原种。

上述原种生产程序，经过株（穗）行圃、株（穗）系圃、原种圃的，称为三年三圃制。常异花授粉植物原种生产常采用三圃制，以便在株（穗）系圃中再进行一次鉴定和选择。原种生产程序中，选择典型优株是基础，株（穗）行比较鉴定是关键，因为单株性状，尤其是数量性状易受环境的影响，只有通过后代鉴定才更为可靠。选株数量宜多，这样可使后代群体保持较大的异质性，不致降低适应性与丰产性。作为提纯选株的基本材料，必须是纯度高、符合原品种典型性的材料。

一般而言，株行圃、株系圃、原种圃的面积比例以 1∶50—100∶1 000—2 000 为宜，即 $667m^2$（1 亩）株行圃可产出供 3.33—6.67hm^2（hm^2 为公顷的单位符号）株系圃种植的种子，在相应的株系圃中又可产出供 66.7—133.4hm^2 原种圃种植的种子。

2. 二圃制原种生产程序

由株（穗）行圃去劣混收直接进入原种圃混合繁殖的，称为二年二圃制。自花授粉植物原种生产多采用二年二圃制，既简单易行又可达到提纯目的。

采用循环选择程序生产原种，要经过单株、株行、株系的多次循环选择，对于汰劣留优，防止品种混杂、退化，保持生产用种的优良性状有一定作用。但是，该程序也存在一定的弊端：一是育种者的知识产权得不到很好的保护；二是种子生产周期长，赶不上品种更新换代的要求；三是种源不是育种家种子，起点不高；四是对品种典型性把握不准，品种还是易混杂、退化。

在生产实践中，我国借鉴了国外种子生产的先进经验，使种子生产体系得到完善，种子生产程序有所创新，四级种子生产程序、株系循环程序、自交混繁程序等也得到了应用。

（三）株系循环法

稻麦"株系循环法"原种生产技术由南京农业大学陆作楣教授于 1985 年提出，1996 年该技术通过了江苏科技成果鉴定，适合推广。2011 年稻麦"株系循环法"原种生产技术被作为小麦原种繁育的国家标准。株系循环法生产原种的步骤如下：

1. 设立保种圃

株系循环法以消除剩余变异为目的，以建立起一个优良、稳定、纯合的品种群体作为大田用种繁育的出发点，主要适用于自交作物。

单株选择圃：在育种田自选或者从育种单位引进单株，一般 300—500 株。

株行圃：按行种植，株行比较，去劣留优，保留 150—300 行。

株系圃：上年分别收获的株行不混合，分别种于株系圃，每系为一小区，对其典型性、丰产性等进一步比较鉴定、去劣留优，保留 100—110 系。在保留株系里分系选若干典型优良单株，分系收获、分系混合脱粒，再分系编号、保存，作为株系种子。下一年各系分别种植，即为保种圃。

保种圃：分系种植，分系比较，去劣留优，保留 100 个株系左右。收获时分为两部分：一部分分系留种，在保留系里分系各选若干个典型优良单株，分系收获、分系混合脱粒，再分系编号、保存，作为株系种子。下一季继续分系种成保种圃。另一部分，去杂去劣后混合收获，称为核心种，作为基础田用种。

2. 建立基础种子田

上年核心种子，在隔离条件下，混合繁殖，去杂去劣，收获的种子为基础种子，作为繁殖原种用种。基础种子田应安排在保种圃的周围，四周种植同一品种的原种。

3. 建立原种圃

基础种子在隔离条件下种植在原种田，混合繁殖，去杂去劣，收获的种子经过种子检验，符合国家规定的原种质量标准即可作为原种。

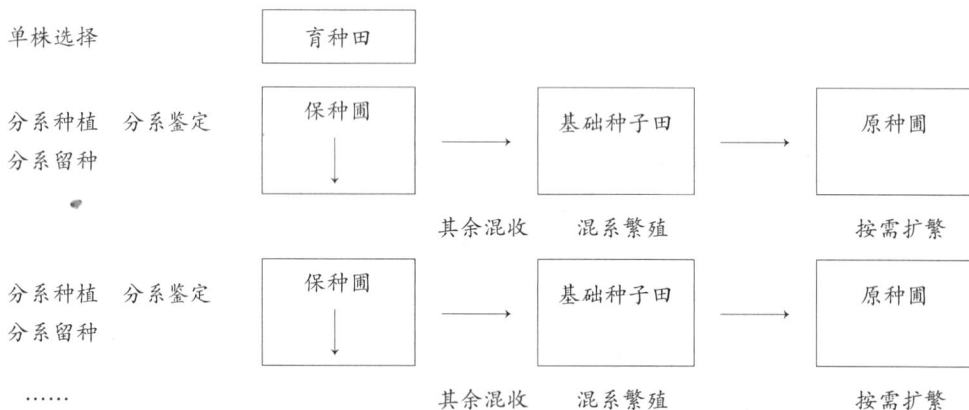

图 1.4 – 3 株系循环法示意图（陆作楣，1985）

4. 株系循环法的优点

保持种性。单株选择得到的典型优系，利于消除剩余变异和机械混杂。多系混繁有利于优良性状互补，增强品种对环境的缓冲性。

简化工序，提高繁殖系数。基础群体一经建立，每年省去大量选株和株行比较工作。保种圃株系稳定性好，每年生产大量原种，繁殖系数高。

提高种子质量。有利于实现原种和原种一代供应大面积生产需要。

5. 株系循环法的变通——自交混繁法

主要适用于常异花授粉和异花授粉作物。利于消除剩余变异，保证种子纯度。

6. 众数选择在原种生产中的应用

在"优中选优"原则指导下，采用限值选择法。缺点是容易走样，标准人为制定，不易掌握。

在"众数选择"原则下，保持品种群体优良性状的稳定性，以"众"为标准，选取占众数的优良个体。

二、三系亲本的原种生产

三系是指雄性不育系、保持系和恢复系。根据原种生产过程中有无配合力测定步骤，可将三系亲本原种生产方法分为两类：一类有配合力测定步骤，以"成对回交测交法"为代表；另一类无配合力测定步骤，以"三系七圃法"为代表。这两类方法在我国推广面积大的杂种水稻、杂种高粱和杂种向日葵的亲本原种生产中都有应用。

（一）成对回交测交法

1. 不育系和保持系成对授粉原种生产法

其程序是：单株选择，成对授粉；株行鉴定，测交制种；株系比较，杂种鉴定，优系繁殖生产原种。如图1.4 - 4。

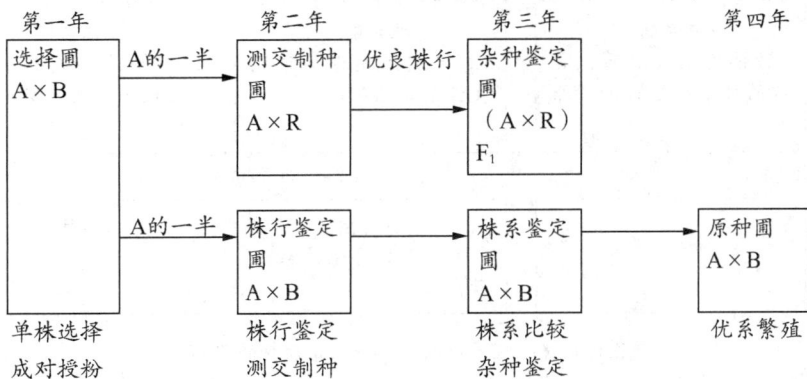

图1.4 - 4　不育系和保持系成对授粉原种生产法

A为不育系，B为保持系，R为恢复系（洪德林，2003）

2. 恢复系一选二圃制原种生产方法

其程序是：单株选择，测交制种；株行鉴定，杂种鉴定；混合繁殖。如图1.4 - 5。

恢复系亲本用种量较不育系少，繁殖系数大，二圃制生产原种能够满足需求。以我国年种植面积曾达600万公顷的杂种水稻汕优63为例，其制种田与生产大田按1：100的比例计算，每年需制种6万公顷，需要恢复系种子45万千克。恢复系繁殖产量按每公顷 6 000kg 计，共需 75hm² 繁殖田。若全部使用原种，则需要 75hm² 原种圃。株行圃与原种圃按 1:50 计，需要株行圃 1.5hm²。以每公顷种植 24 万株、每株行种植 500 株计，需要 480 个株行。若分散在 5 个省制种，平均每个省只需种植 96 个株行就能满足恢复系原种需要量。

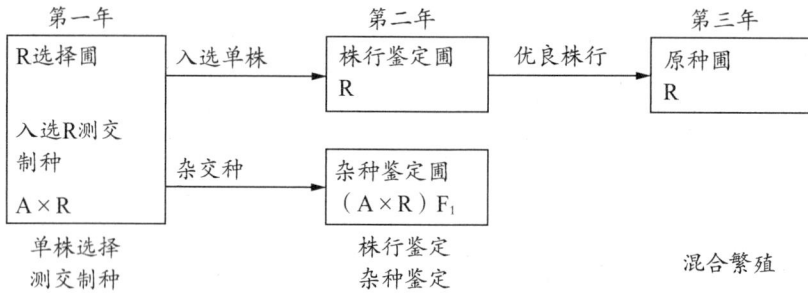

图 1.4 −5　恢复系一选二圃制原种生产法

A 为不育系，R 为恢复系（洪德林，2003）

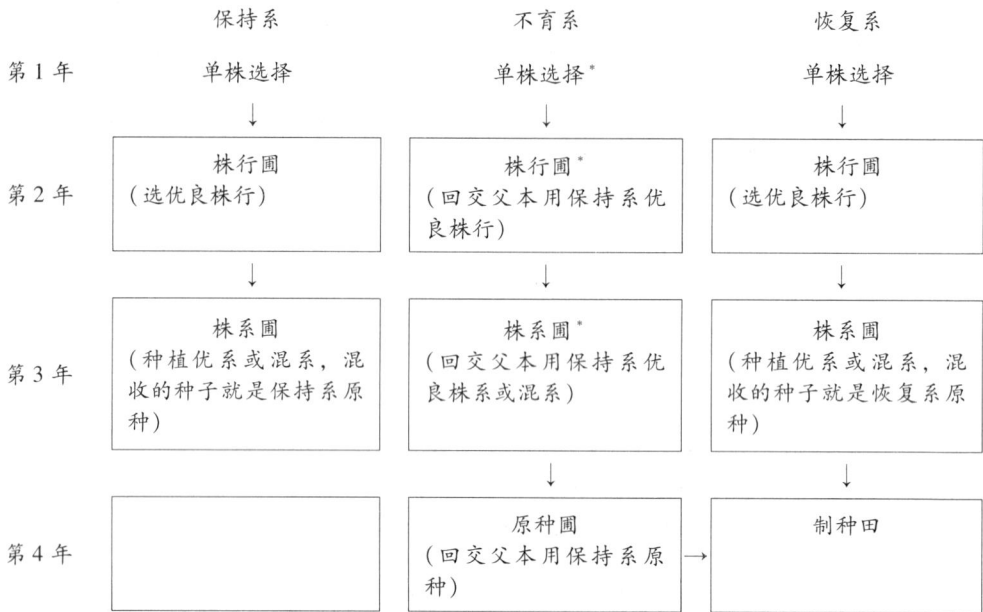

图 1.4 −6　三系七圃法生产三系原种的程序

＊表示要进行育性检验。（陆作楣，1983）

（二）三系七圃法

此法，三系各成体系，分别建立株行圃和株系圃，不育系再增设原种圃，合计建七个圃，故称"三系七圃法"，如图 1.4 −6。只要七个圃同时存在，每年就能生产出三系原种。该法以保持三系的典型性和纯度为中心，对不育系的单株、株行和株系都进行育性检验，但对三系都不进行配合力测验。此法的理论依据是，经过严格的育种程序育成并通过品种审定投放于生产的杂种水稻，其三系各自的株间配合力没有差异。

三、玉米自交系的原种生产

自交和选择是玉米自交系原种生产的基本措施。根据原种生产过程中有无配合力测定步骤，有"穗行半分法"和"测交法"两种原种生产方法。

（一）穗行半分法

第一年种植选择圃选株自交。每个系可自交 100—1 000 穗，视选择圃自交系纯度和所需原种数量而定。第二年半分穗行比较。每个自交穗的种子均分为两份，一份保存，另一份种成穗行。在苗期、拔节期、抽雄开花期根据自交系的典型性、一致性和丰产性进行穗行间的鉴定比较。本年比较只提供穗行优劣的资料，并不留种。第三年混合繁殖。取出与当选株行相对应的第一年自交果穗预留的那份种子混合隔离繁殖，生产原种。

（二）测交法

第一年种植选择圃选株自交并测交。测验种用该自交系在某一特定杂交组合中的另一亲本自交系。测交种子要够下年产量比较，一般要测交 3 穗以上。自交果穗单穗脱粒保存。第二年种植测交种鉴定圃，进行产量比较，鉴定单株配合力。第三年混合繁殖。根据配合力鉴定结果，把测交中表现优良的各自交果穗的种子混合，隔离繁殖，生产原种。

任务三　大田用种生产程序

获得原种后，由于数量有限，一般需要把原种繁殖 1—3 代，以供生产使用，这个过程称为原种繁殖或大田用种生产。大田用种供大面积使用，用量极大，需要选择专门的种子田生产，才能保证其数量和质量。

一、种子田的选择

种子田的选择应具备下列条件：交通便利，隔离安全，地势平坦，土壤肥沃，排灌方便，旱涝保收；实行合理轮作倒茬，避免轮作危害；病虫草危害轻，无检疫性病虫草害；同一品种种子田最好连片种植，具备隔离条件。

二、种子田大田用种生产程序

原种繁殖的种子叫原种一代，原种一代繁殖的种子叫原种二代，原种二代繁殖的种子叫原种三代。原种只能繁殖 1—3 代，超过 3 代，其生产的大田用种质量难以保证。

将各级原种农场、大田用种场生产出来的原种，第一年放在种子田繁殖，从种子田选择典型性单株（穗）混合脱粒，作为下年种子田用种；其余植株经过严格去杂去劣后混合脱粒，作为下年生产田用种。原种繁殖1—3代后淘汰，重新用原种更新种子田用种。

任务四 加速种子繁殖的方法

为了使大田用种尽快在生产上发挥增产作用，必须加速种子的繁殖。加速种子繁殖的方法很多，常用的有提高繁殖系数、一年多代繁殖、组织培养繁殖。

一、提高繁殖系数

种子繁殖的倍数也称繁殖系数，是指单位重量种子经种植后，其所繁殖的种子重量相当于原来种子的倍数。例如，小麦播种量为10kg，收获的种子为350kg，则繁殖系数为35。

提高繁殖系数的主要途径是节约单位面积播种量，可采用以下措施：

（一）稀播繁殖

也称稀播高繁。一方面，节约用种量，最大限度地发挥每一粒种子的生产力，提高种子产量；另一方面，通过提高单株产量，提高繁殖系数。

（二）剥蘖繁殖

以水稻为例：可以提早播种，利用稀播培育壮秧、促进分蘖，经过剥蘖后插植大田，加强田间管理，促进早发分蘖，提高有效穗数，获得高繁殖系数。

（三）营养繁殖

甘薯、马铃薯等根茎类无性繁殖作物，可以采用多级育苗法增加采苗次数，也可以用切块育苗法增加苗数，然后再采用多次切割、扦插、嫁接、分株等措施，增加繁殖系数。

二、一年多代繁殖

一年多代繁殖主要方式是异地加代繁殖和异季加代繁殖。

（一）异地加代繁殖

利用我国幅员辽阔、地势复杂、气候差异较大的有利自然条件，进行异地加代繁殖，一年可繁殖多代。可选择光、热条件可以满足作物生长发育所需要的某些地区，分别进行冬繁或夏繁。如海南便是异地加代繁殖的优秀目的地。在"一带一路"倡议下，海南作为我国重要的农作物繁育制种基地，向世界源源不断地输送着优良品种，未来将建成高标准的服务全国、影响世界的"南繁硅谷"。目前，三亚市南繁科学技术研究院正在打造国家南繁科研公共开放实验平台、国家南繁试验区生物安全平台、国家南繁资源信息及商务平台、热带特色现代农业科技支撑平台。

（二）异季加代繁殖

利用当地不同的光、热条件和某些设备，在本地进行异季加代繁殖。

三、组织培养繁殖

组织培养技术是指依据细胞遗传信息全能性的特点，在无菌条件下，将植物的根、茎、叶、花、果实甚至细胞培养成一个完整的植株。目前，采用组织培养技术，已经可以对许多植物进行快速繁殖。

项目小结

一个品种按繁殖阶段的先后、世代的高低所形成的生产用种生产过程叫种子生产程序。

种子级别的实质是种子质量的级别，它主要是以繁殖的程序、代数来确定的。国际作物改良协会把纯系种子分为四级，其顺序为：育种家种子、基础种子、登记种子、检验种子。

在原种生产中，主要存在着两种不同的程序：一种是重复繁殖程序；一种是循环选择程序。

原种繁殖的种子叫原种一代，原种一代繁殖的种子叫原种二代，原种二代繁殖的种子叫原种三代。原种只能繁殖1—3代，超过3代，其生产的大田用种质量难以保证。

加速种子繁殖的方法很多，常用的有提高繁殖系数、一年多代繁殖、组织培养繁殖。

复习思考题

1. 申请审定的品种应当具备什么条件？

2. 中国、日本、美国和欧洲各国品种管理制度有何异同？

3. 品种混杂、退化的实质和主要原因是什么？如何防止？

4. 在我国，自花授粉作物原种生产方法中，循环选择繁殖法与近年提出的株系循环繁殖法在技术上的主要区别是什么？

5. 图示三系亲本原种生产的两类代表性方法，并指出它们的实质性区别及其理论依据。

6. 自交系原种生产有哪两种方法？它们的区别在哪里？

7. 如何加速大田用种繁殖？

8. 亲本繁殖和杂交种种子生产中，如何选择隔离区？如何确定父母本间种行比？

9. 杂交种种子生产中，调节播期、确保花期相遇的要点是什么？

项目五 种子生产基地的建立与管理

学习目标

知识目标

种子生产基地建立与管理的意义；种子生产基地建立与管理的任务。

能力目标

熟悉种子生产基地建立与管理的程序和方法。

情感目标

增强种子质量安全责任感，培养种子是特殊商品的意识。

知识准备

种子生产基地

任务一 种子基地的规划设计

实操实验

学习目标	种子基地选址要求；学会绘制种子基地规划图；种子基地的功能分区；种子基地的布局。	
材料设备准备	材料	实训基地地图、规划图、相关多媒体资源。
	工具设备	多媒体设备、绘制工具、纸张。
实施过程	1. 思考如何规划种子基地； 2. 参考教材资讯、教学平台资源、网络资源； 3. 小组代表展示规划图。	

理论渗透

种业是国家基础性、战略性核心产业。随着大农业时代的到来，种业作为产业源头，面临着更多机遇与挑战，只有集聚现代生产要素，才能形成独特的竞争优势。

优势资源夯实地基，营商环境逐步优化，现代种业产业园充分发挥产业集聚、主体集中、要素集约的平台载体作用，持续加大种业孵化力度、强化科技支撑，构筑起强大的种业科创体系。一批批产业特色鲜明、要素高度聚集、生产方式绿色、辐射带动有力的制种基地，正成为全国产业版图中不可或缺的组成部分和种业攻关的生力军。

任务二　编写建立种子生产基地的任务书

学习目标	建立种子生产基地任务书的编写；建立种子生产基地任务书的内容。	
材料 设备准备	材料	教材、教学平台资讯、网络资源、多媒体资源。
	工具设备	多媒体设备、编写工具、纸张。
实施过程	1. 思考如何编写建立种子生产基地任务书［设计任务书的主要内容包括基地建设的目的、意义、现有条件（自然条件和社会经济条件）分析、主要建设内容（基地规模、水利设施及收购、加工、贮藏设施和技术培训等）、预期达到的目标、实施方案、投资额度、社会经济效益分析等］，然后请有关专家论证； 2. 参考教材资讯、教学平台资源、网络资源； 3. 小组代表汇报任务书。	

项目小结

本项目主要学习了建立种子生产基地的意义和任务，建立种子生产基地的条件（自然条件、经济条件、领导干部和群众的积极性、技术力量和管理水平）。

建立种子生产基地的程序：搞好论证、详细规划、组织实施。

制种基地的形式：自有制种基地、特约制种基地。

种子生产基地的经营管理，包括计划管理、合同管理、技术管理、质量管理等。

种子生产基地的规划和设计。

复习思考题

1. 了解种子生产基地建立与管理的意义。

2. 了解种子生产基地建立与管理的任务。

3. 了解建立种子生产基地的条件。

4. 了解建立种子生产基地的程序。

5. 掌握种子生产基地管理措施。

6. 绘制种子基地规划图。

7. 种子基地的功能分区如何分布？

8. 种子基地如何布局？

9. 如何编写建立种子生产基地任务书？

10. 建立种子生产基地任务书的内容有哪些？

11. 如何编写种子基地的实施方案？

模块二　大田作物种子生产技术

项目一　小麦种子生产技术

学习目标

知识目标

三圃制小麦原种生产技术；利用育种家种子直接生产小麦原种的技术；株系循环法小麦原种生产技术。

能力目标

掌握小麦种子生产技术路线；掌握种子生产方法；掌握原种田去杂去劣技术。

情感目标

具有安全生产意识；树立粮食安全意识。

知识准备

小麦生物学特性

任务一　小麦原种生产技术

实操实验

学习目标	三圃制小麦原种生产技术；株系循环法小麦原种生产技术；种子田去杂去劣技术；原种生产中典型单株（穗）的选择和室内考种技术。	
材料 设备准备	材料	小麦植株及种子。
	工具设备	挂图、课件、多媒体。
实施过程	1. 调查市场：调查作物种子的品种、价格、包装等，做好记录； 2. 收集资料。	

理论渗透

小麦原种生产技术

我国《小麦原种生产技术操作规程》（GB/T 17317—2011）规定了小麦原种生产技术有四种方法：三圃制生产原种、两圃制生产原种、利用育种家种子直接生产原种、利用株系循环法生产原种。

一、三圃制生产原种

三圃制的三圃指株（穗）行圃、株（穗）系圃、原种圃。三圃制生产原种程序参看图1.4-2。

（一）单株（穗）选择

1. 单株（穗）选择的材料

来源于本地或外地的原种圃、决选的株（穗）系圃、种子繁殖田。也可专门设置选择圃，进行稀条播种植，以供选择。

2. 单株（穗）选择的重点

生育期、株型、穗型、抗逆性等主要农艺性状，并具备原品种的典型性和丰产性。

3. 田间选择

株选：分两步进行，抽穗至灌浆阶段根据株型、株高、抗病性和抽穗期等进行初选，做好标记。成熟阶段对初选的单株再根据穗部性状、抗病性、抗逆性和成熟期等进行复选。

穗选：在成熟阶段根据上述综合性状进行一次选择即可。

4. 选择数量

根据所建株（穗）行圃的面积而定，冬麦区每公顷需 4 500 个株行或 15 000 个穗行，春麦的选择数量可适当增多。田间初选时应考虑到复选、决选和其他损失，适当留有余地。

5. 入选单株（穗）的收获

将入选单株连根拔起，每 10 株扎成一捆；如果是穗选，将中选的单穗摘下，穗下留 15—20cm 的茎秆，每 50 穗扎成一捆。每捆系上两个标签，注明品种名称。

6. 室内决选

室内对入选单株（穗）进行决选，重点考察穗型、芒型、护颖颜色和形状、粒型、粒色、粒质等项目，保留与原品种各个性状相符的典型单株（穗），分别脱粒、考种、编号、装袋保存。

（二）株（穗）行圃

1. 建圃

经室内考种入选的单株（穗）的种子在同一条件下按单株（穗）分行种植，建立株（穗）行圃。

2. 田间种植方法

播种采用单粒点播或稀条播，单株播四行区，单穗播一行区，行长 2m，行距 20—30cm，株距 3—5cm 或 5—10cm，按行长划排，排间及四周留 50—60cm 的田间走道。每隔 9 或 19 个穗行设一对照，四周围设保护行和 25m 以上的隔离区。对照和保护区均采用同一品种的原种。播前绘制好田间种植图，按图种植，编号插牌，严防错乱。

3. 田间观察记载、鉴定、选择

整个生育期固定专人，按照统一标准进行田间观察记载、鉴定、选择。根据统一记载标准进行。

生育期间在幼苗阶段、抽穗阶段、成熟阶段分别与对照进行鉴定选择，并做标记。收获前综合评价，选优去劣。鉴定依据见表 2.1-1。

表 2.1-1　小麦株行（穗行）生长阶段与鉴定事项和要求

生长阶段	鉴定事项和要求
幼苗阶段	鉴定幼苗生长习性、叶色、生长势、抗病性、耐寒性等。
抽穗阶段	鉴定株型、叶型、抗病性和抽穗期等。
成熟阶段	鉴定株高、穗部性状、芒长、整齐度、抗病性、抗倒伏性、落黄性和成熟期等。对不同时期发生的病虫害、倒伏等要记明程度和原因。

4. 田间收获、室内决选

通过鉴定，分别收获符合原品种典型性的株（穗），打捆、挂牌，注明株行号。进行室内考种时，进一步考察粒型、粒色、粒质等项目，符合原品种典型性状的分别称重，作为决定取舍的参考。决选的株（穗）行分别脱粒、装袋、编号、保管，供下年种株（穗）系圃。袋内外各附一个标签，并根据田间排列号码，按顺序挂藏。

（三）株（穗）系圃

1. 建圃

经室内考种当选的株（穗）行种子，按株（穗）行分别种植，建立株（穗）系圃。

2. 种植方法

每个株（穗）行的种子播一小区，小区长宽比例以 1∶3 至 1∶5 为宜，面积和行数依种子量而定。播种方法采用等播量、等行距稀条播，每隔 9 区设一对照。其他要求同株（穗）行圃。

3. 田间观察记载、鉴定、选择

田间观察记载、管理、收获同株（穗）行圃，同时应从严掌握，典型性状符合要求的株（穗）系，杂株率不超过 0.1% 时，拔除杂株后可以入选。当选的株（穗）系分区核产，产量不应低于邻近对照。

4. 收获

入选株系分别取样考种，考察项目同株（穗）行圃，最后当选株系可以混合脱粒、装袋、保存。

（四）原种圃

将当选株（穗）系的种子混合稀播于原种圃，进行扩大繁殖。一般行距为 20—25cm，播量为 60—70kg/hm^2。在抽穗阶段和成熟阶段分别进行纯度鉴定，严格拔除杂株、弱株并携出田外，一般进行 2—3 次去杂；同时，严防生物学混杂和机械混杂。原种圃收获的种子即为原种。

二、二圃制生产原种

采用二圃制生产原种，只简略株（穗）系圃，其他方法同三圃制，即将经室内考种决选的株（穗）行种子混合稀播于原种圃，进行扩大繁殖。

三、用育种家种子生产原种（一圃制生产原种）

用育种家种子生产原种，可直接稀播于原种圃，进行扩大繁殖。一圃制是快速生产原种的方法，其生产程序可以概括为：单粒点播、分株鉴定、整株去杂、混合收获。具体措施是：选择土壤肥沃、地力均匀、排灌方便、栽培条件好的田块；精细整地、施足底肥、防治地下害虫；可以使用精量点播机点播，播种量为 60kg/hm^2；适时早播、足墒下种；加强田间管理。一圃制生产原种，在幼苗阶段、抽穗阶段、成熟阶段根据本品种的典型性状进行分株鉴定、整株去杂，最后混合收获的种子即为原种，单产可达 6 750kg/hm^2。

四、株系循环法生产原种

株系循环法也称保种圃法，设置保种圃是由南京农业大学陆作楣教授针对三圃制的缺点提出的。该方法的核心工作是建立保种圃之后可以一直保持原种的质量，并且不需要年年大量选择单株和考种。具体操作步骤如图2.1-1所示：

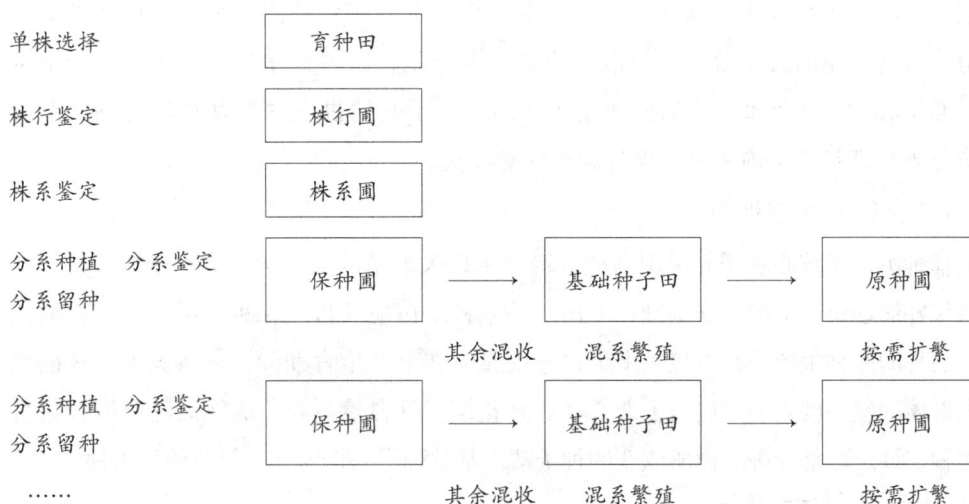

图 2.1-1 株系循环法示意图（陆作楣，1985）

（一）建立保种圃

1. 单株选择

用育种单位提供的原种作为单株选择的基础材料，建立单株选择圃，进行单株选择。单株选择应根据品种的典型性状，选择株型、叶形、穗型及抗病性、丰产性、面粉品质等主要性状符合原品种典型性状的单株，选择标准与三圃制相同。选择单株的数量应根据保种圃的面积、株行鉴定淘汰的比率和保种圃中每个系的种植数量来确定，一般每个品种的决选株数应不少于150株，初选株数应是所选株数的2倍左右，一般为300—500株。

2. 株行圃

田间种植方法和观察记载方法与三圃制相同，选择符合品种典型性、整齐一致的株行。一般淘汰率为20%，保留约120个株行。各行分别收获、编号、保存。

3. 株系圃

上一年分别收获的株行不混合，分别种于株系圃，即每系为一小区，对其典型性、丰产性等进一步比较鉴定，去劣留优，保留100—110系。在保留株系里选若干典型优良单株，混合脱粒，作为株系种子。各系分别收获、编号、保存。这样得到的群体比原来的株行大，比三圃制的株系小，所以也称为大株行或小株系。

4. 保种圃

将上一年当选大株行的种子按编号分别种成株系，即为保种圃。根据保种圃的面积确定每个系的种植株数，周围种植该品种的原种作为保护区。在生育期间进行多次观察记载，淘汰典型性不符合要求或者杂株率较高的株系，并对入选株系进行严格的去杂去劣。收获时分为两部分：一部分为从每个入选株系中选择的5—10个典型单株，应混合脱粒，各系分别收获、编号、保存，作为下一年保种圃用种，叫株系种。另一部分为入选株系的其余植株，应混合收获、混合脱粒留种，作为下一年基础种子田用种，叫核心种。保种圃建立后照此循环，即连年不断地供应株系种和核心种，不再需要进行单株选择和室内考种。保种圃要注意隔离。

（二）建立基础种子田

播种上一年核心种子并采用高产栽培技术扩大繁殖的农田为基础种子田。要选择生产条件好的地块，集中建立基础种子田。基础种子田应安排在保种圃的周围，其周围为同一品种的原种生产田，以免发生生物学混杂。在整个生育期间，注意观察个体的典型性和群体的整齐度，随时进行去杂去劣。开花期任其自然授粉，成熟后随机取样进行室内考种、计产。基础种子田所收获的种子即为基础种子，作为下一年原种田用种。

（三）建立原种生产田

播种上一年基础种子的生产条件好的集中连片的农田为原种生产田。原种生产田要求在隔离条件下集中种植，采用高产栽培技术提高单产，在生育期间严格去杂去劣。原种田收获的种子即为原种。

根据江苏各地的经验，一个小麦品种建立1亩左右的保种圃，保存50—100个系，可产原种20万千克。通过调整保种圃面积，即可调整原种生产量。

任务二 小麦大田用种生产技术

实操实验

学习目标	小麦大田用种生产技术；种子田去杂去劣技术；大田用种高产栽培技术。	
材料 设备准备	材料	小麦植株及种子。
	工具设备	挂图、课件。
实施过程	1. 调查市场（作物种子品种，价格，包装等），做好记录； 2. 阅读资料。	

理论渗透

原种数量有限，不能直接满足大田用种的需要，必须进一步扩大繁殖，生产小麦大田用种。用小麦原种繁育的第一代至第三代，达到大田用种标准（纯度99%以上，净度99%以上，发芽率85%以上，水分小于13%）的种子称为小麦大田用种。具体操作步骤见图2.1-2。

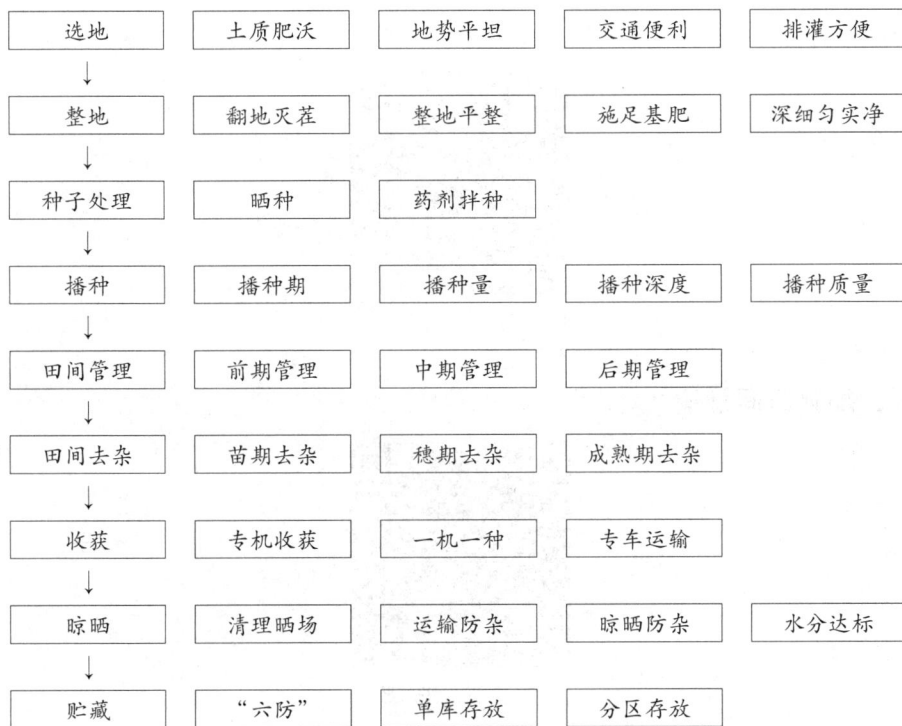

选地	土质肥沃	地势平坦	交通便利	排灌方便
整地	翻地灭茬	整地平整	施足基肥	深细匀实净
种子处理	晒种	药剂拌种		
播种	播种期	播种量	播种深度	播种质量
田间管理	前期管理	中期管理	后期管理	
田间去杂	苗期去杂	穗期去杂	成熟期去杂	
收获	专机收获	一机一种	专车运输	
晾晒	清理晒场	运输防杂	晾晒防杂	水分达标
贮藏	"六防"	单库存放	分区存放	

图2.1-2 小麦大田用种生产技术示意图

一、种子田的选择和隔离

（一）种子田的选择

选择土壤肥沃、地势平坦、土质良好、排灌方便、交通便利的地块。合理规划，同一品种尽量连片种植、规模化生产。合理轮作，禁止在去年发生全蚀病的小麦田上生产种子。忌施麦秆肥，避免造成混杂。

（二）种子田的面积

种子田的面积应根据小麦种子的计划生产量来决定。

（三）种子田的隔离

小麦为自花授粉作物，天然异交率4%以下，不易造成天然杂交。利用山丘、树林、高秆作物等自然屏障进行隔离更好。

47

二、整地

秋收作物适时抢收，倒茬整地，犁深犁透，耙细耙平，施足基肥。

三、种子处理与播种

搞好小麦种子清选、晒种及其他种子处理工作。应通过机械筛选粒大饱满、整齐一致、无杂质的种子，以保证种子营养充足、出苗整齐、分蘖粗壮、根系发达，实现苗全、苗壮。要针对当地苗期常发病虫害进行药剂拌种，或用含有营养元素、药剂、激素的种衣剂包衣。科学处理后的种子发芽率一般在95%以上。

种子处理与播种

四、加强田间管理

小麦生产管理

五、田间去杂

在种子田，将非本品种或异型的植株去除叫去杂；将本品种生长发育不正常或遭受病虫害的植株去除叫去劣。应在苗期、抽穗期、成熟前进行三次严格的去杂去劣，以确保种子纯度；同时，应清除田间杂草，如节节麦、野燕麦、大麦等。

六、收获

小麦种子生产中最大的问题就是机械混杂，因此应从播种、收获、脱粒、运输、加工、贮藏各个环节着手，严防机械混杂。

七、晾晒和安全贮藏

收获、晾晒、入库、贮藏过程中要防止机械混杂。贮藏时，小麦种子含水量要保持在13%以下，种子温度不应超过25℃，还应注意防止虫蛀、霉变和混杂以及老鼠等危害。

知识延伸

引种

项目小结

本项目学习了小麦的原种、大田用种生产技术，及种子田去杂去劣知识。

通过本节学习，我们可以将小麦原种、大田用种生产的技术环节联系起来，并利用所学知识和技能解决种子生产上的问题，可以制定出种子生产技术规程和指导种子生产，以实现种子生产的高产、高效、低消耗和生态环境友好。

复习思考题

1. 小麦三圃制原种生产技术。

2. 小麦二圃制原种生产技术。

3. 小麦一圃制原种生产技术。

4. 小麦株系循环法原种生产技术。

5. 小麦大田用种生产技术。

6. 小麦种子田去杂去劣技术。

7. 小麦大田用种高产栽培技术。

项目二 水稻种子生产技术

学习目标

知识目标

水稻开花授粉的生物学基础；常规种子三圃制原种生产技术；常规种子大田用种生产技术。

能力目标

熟悉水稻常规种子生产技术路线和方法；熟悉水稻杂交方法；掌握常规种子田去杂去劣技术。

情感目标

增强种子质量安全责任感；具有团结协作、协调沟通能力。

知识准备

水稻的生物学特性

任务一　水稻常规品种原种生产技术

试验实操

学习目标	水稻三圃制原种生产技术；三系七圃法原种生产技术；种子田去杂去劣技术；原种生产中典型单株（穗）的选择和室内考种技术。	
材料设备准备	材料	水稻植株及种子。
	工具设备	挂图、课件、多媒体设备。
实施过程	1. 调查市场：作物种子的品种、价格、包装等。2. 收集资料。	

理论渗透

《水稻原种生产技术操作规程》（GB/T 17316—2011）是2012年4月1日实施的一项国家标准。水稻原种生产可以采用改良混合选择法，即在单株选择的基础上建立三圃（株行圃、株系圃、原种圃）或两圃（株行圃、原种圃）。水稻原种生产还可以采用株系循环法，即选择单株、建立保种圃、基础种子田、原种圃。水稻原种生产还可以采用育种家种子繁殖法，即采用育种家种子繁殖第一代至第三代。

一、改良混合选择法

（一）单株选择

1. 种子来源

在原种圃、株系圃内当选株系，以及纯度高的大田或保存的低世代种子田选取；有条件的可设置选择圃以供选择。

2. 选择标准

当选单株性状必须符合原品种特征特性，重点把握"一期"即生育期；"二穗"即穗粒数、穗粒重；"三性"即典型性、一致性、丰产性；"四型"即株型、叶型、穗型、粒型；"五色"即叶色、叶鞘色、颖色、稃尖色、芒色。

3. 选择时期

抽穗期进行初选，做好标记。成熟期逐株复选，将当选单株连根拔起、挂号标签、及时干燥挂藏。

4. 选择数量

依原种圃面积而定。田间初选数应比决选数增加一倍。

51

5. 室内考种

先目测，剔除明显不合格单株；再逐株考查株高、穗粒数、结实率、千粒重、单株籽粒重，并计算株高的平均数、穗粒数的平均数。

6. 考种决选

当选单株的株高应在平均数 ±1cm 范围内，穗粒数不低于平均数，然后按单株籽粒重择优选留。

7. 当选单株分别编号、脱粒、装袋、复晒、收藏

注意严防鼠、虫等危害及霉变。

(二) 株行圃

分播分栽：将上一年当选的各单株种子，按编号分区播种、分行移栽，设对照 (CK) 和保护行。

时空隔离：空间上，距离不少于 20m；时间上，扬花期要错开 15 天以上。

观察记载：观察时期和记载性状见表 2.2 − 1。

表 2.2 − 1 观察时期与记载性状

观察时期	记载性状
秧田期	播种期、叶姿、叶色、抗逆性。
本田期	移栽期、分蘖期、叶姿、叶片、叶鞘色泽、分蘖强弱、抗逆性。
抽穗期	始穗期、齐穗期、抽穗整齐度、株叶型、主茎总叶片数。
成熟期	株高、株型、穗数、穗粒型、芒有无、谷粒充实度、植株整齐度、抗逆性、熟期、熟相、目测丰产性。

综合评定：当选株行区的植株，必须具备本品种的典型性状；株行间的一致性、综合丰产性应较好；植株、穗型整齐度要好；穗数应不低于对照；齐穗期、成熟期与对照 (众数) 相比，在 ±1 天范围内；株高与对照 (平均数) 相比，在 ±1cm 范围内。

分收分藏：当选株行区确定后，须将保护行、对照小区及淘汰株行区先行收割；然后逐一对当选行区进行复核；随后对当选行区进行分区收割、晾晒、脱粒、贮藏，并将种子挂上标签，同时严防鼠、虫等危害及霉变。

如采用二圃制，核产后则可混合。

(三) 株系圃

将上一年当选的各株行区种子分区种植，建立株系圃。各株系区的面积、栽插密度均应一致，并采取单本栽插，每隔 9 个株系区设一个对照区。其他要求同株行圃。田间观察记载项目和综合评定同株行圃。当选株系的植株，必须具备本品种的典型性；株系间的一致性、整齐度、丰产性要高。各当选株系混合收割、脱粒、收贮。

（四）原种圃

将上一年混收的株系（株行）圃种子扩大繁殖，或采用育种家的种子扩大繁殖，建立原种圃；原种圃要集中连片，隔离要求同株行圃；稀播培育壮秧；大田采取单本栽插，增加繁殖系数；在各生育阶段进行观察，及时拔除病、劣、杂株并携出田外；成熟后及时收获，要单独收获、运输、晾晒、脱粒，严防机械混杂。原种圃收获的种子，经检验，符合《粮食作物种子　第 1 部分：禾谷类》（GB 4404.1—2008）规定的可签发合格证书，不合规定的须提出处理意见。

二、株系循环法

（一）单株选择

同改良混合选择法。

（二）株行鉴定

上一年分别收获的株行不混合，即每行为一小区，对其典型性、丰产性等进一步比较鉴定，去劣留优，保留 100—110 系。在保留株系里选 5 个到 10 个典型优良单株，混合脱粒，作为一个种植单位，也可以叫作株系种子。各系分别收获、干燥、编号、保存。这样得到的种子群体的涵盖范围比原来的株行大，比三圃制的株系小，所以也称为大株行种子或小株系种子。

（三）保种圃

将上一年当选的大株行种子按编号分别种成株系，建成保种圃。要根据保种圃的面积确定每个系的种植株数，周围应种植该品种的原种作为保护区。在生育期间进行多次观察记载，淘汰典型性不符合要求或者杂株率较高的株系，并对入选株系进行严格的去杂去劣。收获时分为两部分：一部分是从每个入选株系中分别选择的 5—10 个典型单株，应系内混合脱粒，各系分别收获、编号、保存，作为下一年保种圃用种，叫株系种。另一部分是入选株系的其余植株，应系间混合收获、混合脱粒留种，作为下一年基础种子田用种，叫核心种。保种圃建立后照此循环，即可连年不断地供应株系种和核心种，不再需要进行单株选择和室内考种。保种圃要注意隔离。

如果保种圃中一部分株系被淘汰，可以增加每个株系中选择的优良单株的数量，增加种植单位种子量，扩大淘汰后剩下的株系的规模，以保证保种圃的面积，即增株不补系。

（四）建立基础种子田

将上一年的核心种子采用高产栽培技术扩大繁殖，建成基础种子田。基础种子田应选择生产条件好的地块集中建立，应安排在保种圃的周围，其周围应为同一品种的原种生产田，以免发生生物学混杂。在整个生育期间，注意观察个体的典型性和群体的整齐度，随时进行去杂去劣。开花期任其自然授粉，成熟后随机取样进行室内考种、计产。所收获的种子即为基础种子，作为下一年原种田用种。

（五）建立原种生产田

将上一年基础种子在生产条件好的集中连片土地种植，建立原种生产田。原种生产田要求在隔离条件下集中种植，采用高产栽培技术提高单产，在生育期间严格去杂去劣。收获后的种子，经检验，符合《粮食作物种子　第 1 部分：禾谷类》（GB 4404.1—2008）的规定的可签发合格证书，不合规定的须提出处理意见。

任务二　水稻大田用种生产技术

实操实验

学习目标		水稻大田用种生产技术；种子田去杂去劣技术；大田用种高产栽培技术。
材料 设备准备	材料	水稻植株及种子。
	工具设备	挂图、课件。
实施过程		调查市场：作物种子品种，价格，包装等。收集资料。

理论渗透

一、建立种子田

为实现水稻防杂保纯，应选择阳光充足、土壤肥沃、肥力均匀、排灌条件好、耕作管理规范、交通方便的田块建立种子田。同一品种的种子应成片，不同品种的种子田应至少相距 50 米。

二、水稻育秧

水稻育苗的主要方式见表2.2-2。

表2.2-2　水稻育苗的主要方式

分类标准	育苗方式
水分管理	水育苗、湿润育苗、旱育苗。
温度管理	露地育苗、保温育苗、加温育苗。
床土养分状况	普通育苗、营养土育苗。
育苗地点	本田育苗、本田高台育苗、旱田育苗、园田育苗。

水稻秧苗的分类：小苗、中苗、大苗。

小苗一般指 3 叶期内移栽的秧苗，中苗一般指 3—4.5 叶内移栽的秧苗，大苗一般指 4.5—6.5 叶内移栽的秧苗。

壮秧的标准：（以湿润育秧为例）

适龄。秧龄 30—35 天，老壮秧 40—45 天，小苗 20—25 天。

C/N（碳氮比）适中。若过大，糖多氮少，老壮，植伤率低，发根率低，返苗慢；若过小，糖少氮多，嫩，植伤率高，发根率高，返苗快；适龄壮秧 C/N 为 12 左右。

株高。株高 18—20cm；5 叶 1 心到 6 叶，叶宽厚挺，绿中带黄。

基部。基部宽扁，有分蘖。（高产田要少插稀植）

根系。根系发达，粗，短，无黑根，无黄根。

无病害。整齐，无病害。

生理特点。光合作用强，干物质生产、积累多，发根力强，抗逆性好。

随着经济发展和生活水平提高，劳动力向城镇转移，水稻种植已从传统的人工移栽逐渐转向抛秧、直播、机插等省工轻简栽培。鉴于直播稻杂草防除困难，且双季直播的季节矛盾突出，而抛秧只是过渡性栽培措施，可知机械插秧最终会走向普及。除了栽种方式外，育秧也是水稻生产的重要环节，育秧的好坏关系到水稻的生长发育及产量，俗话说"秧好一半禾，苗好七分收"。

当前水稻育秧的方式多种多样，应用较多的有湿润育秧、旱育秧、工厂化育秧等。因栽培方式不同，所需秧苗栽插秧龄不同，选择育秧场地不同，各育秧方式必然存在差异，但在基本环节和措施上也有相同之处。水稻育秧的基本环节和措施如下：

（一）适期育秧

根据茬口早晚，选用适宜品种；根据插秧期、秧龄，确定具体播期。

春稻育秧：气温须稳定到 10—12℃。寒潮冷尾浸种催芽，暖头抢晴播种。如露地育秧，时间为 4 月 20 日—25 日；如加盖薄膜保温育秧，时间为 4 月 5 日—10 日。有的在 3 月末播种。

麦茬稻育秧：考虑育秧的最晚时间时，可参照安全齐穗期（日均温 20℃以上，最高温度连续三天不低于 23℃，空秕率不高于 30%；南方为 9 月 5 日，北方为 8 月底）。如水育秧，时间为 5 月 5 日—10 日；如旱育秧，时间为 5 月 1 日至 5 月底。

（二）整好秧田

早春或入冬前，选择背风向阳、土壤肥沃的园田地或固定的旱田，精细整地作床。苗床应达到"平、软、光、肥"要求，可增施有机肥 4 000—5 000 千克/亩、尿素 10—15 千克/亩、过磷酸钙 25—40 千克/亩。苗床长 15—20m、宽 1.7—1.8m，沟宽 8 寸、深 5 寸。苗床分干整和湿整。

（三）配置营养土

营养土一般要求有机质含量为 1.5%—2.0%，全氮含量 0.5%—1%，速效性氮含量大于 60mg/kg，速效磷含量大于 100mg/kg，速效钾含量大于 100mg/kg，pH 值为 6—6.5；疏松肥沃，有较强的保水性、透水性、通气性，无病菌、虫卵及杂草种子。营养土原料：充分腐熟的有机肥料，其含量应占培养土的 20%—30%；菜园土是配制培养土的主要成分，一般应占 30%—50%；炭化谷壳或草木灰可占培养土的 20%—30%。操作中，床土应调至微酸性，pH 值为 4.5—5.5；床面上要铺营养土 3—4cm 厚。

（四）种子处理

1. 晒种

增强种子的吸水力、透气性，提高发芽势。可以用 1.1—1.13 盐水选种，选种后用清水淘净。

2. 浸种消毒

让种子吸足水分。可用灭菌灵 1 000 倍液、40% 克瘟散 500 倍液，浸种 24 小时。或者用 1%—2% 生石灰水浸种 2—3 天。

3. 催芽

在人工控制温度和水分的情况下，使种子发芽整齐，播种后可以早出苗，减少烂秧。催成标准：根长一粒谷，芽长半粒谷，95% 出芽，根整齐。人工播种，破胸后凉芽。机械播种萌动即可。催芽方法见表 2.2 - 3：

表 2.2 - 3　水稻催芽各个时期所需条件

阶段	温度	水分	空气
前期	增温、保温，散热少	用 40—45℃ 水浴种	空气
中期	高温露芽，30—35℃	保水分，一天喷水 2—3 次	空气
后期	降温炼芽，室温	水芽向旱芽转化	空气

（五）浇足底水

播种前根据墒情浇足底墒水；浇立枯灵 1 500 倍液有利于防立枯病。播种后如果床土墒情不够，可以适当补水。

（六）播种

播量：春稻为 60—75 千克/亩；20 天小苗为 100—125 千克/亩；麦茬稻为 50 千克/亩；高产田为 30—40 千克/亩；杂交稻为 15—30 千克/亩。

播种均匀，按畦定量，压种入泥，灰粪覆盖，保温保湿。

（七）秧田地管理

水稻秧田各时期目标特点和管理措施如表 2.2 - 4 所示。

表2.2-4 水稻秧田各时期目标特点和管理措施

时期	立苗期（播种—1叶1心）	扎根期（1叶1心—3叶期）	成秧期（3叶期—拔秧）
要求	出苗整齐，立苗好，防止烂芽	扎好根，保住苗	控下促上
特点	春稻育秧，寒流多，气温不稳；形成鸡爪根、立苗时期，耐寒比较强，短时间0℃；要求土壤通气，氧气充足。	随着秧苗生长，其耐寒性下降，既怕霜冻，又怕强光照晒。3叶期前后为离乳期，气温不稳定。	叶面积扩大，光合作用增强，肥水增多；不定根发生，分蘖发生；通气组织形成，根对土壤缺氧的耐性增强。
灌水	以水调温调气，以水分管理为主。晴天平沟水，阴天半沟水，小雨放干水，暴雨一寸水，盐碱地排干水，定期灌水洗盐。	天寒日排夜灌，天暖日灌夜排。暴雨前灌水护苗。雨后排水凉田。	保持浅水，定期凉田。
追肥	早施断奶肥。	2叶1心时，追标准肥10—12.5千克/亩	3叶—3叶1心时，施长秧肥12.5—15千克/亩 拔秧前3—5天，施"送嫁肥"。
防治病虫害	注意防治立枯病、青枯病、稻瘟病、蓟马等。	注意防治立枯病、青枯病、稻瘟病、蓟马等。	注意防治立枯病、青枯病、稻瘟病、蓟马等。

（八）秧田除草剂

播种前：25%浓度除草醚，0.5千克/亩，喷施，保水一周，播种。

播种后：如果土壤封闭处理效果不好，就要在杂草2叶前茎叶处理。可以用10%苄嘧磺隆可湿性粉剂20—30 g，对水30 kg喷雾。施药时保持水层3—5 cm，持续3—4天，用来防治1年生阔叶杂草和莎草。防治禾本科杂草，可以选择丁草胺。

秧田后期：75%浓度二甲四氯，100—150克/亩，晴天无水时喷施，晒一天，灌水2—3天。

三、水稻插秧

（一）适期早插

根据安全插秧的温度确定插秧具体日期。春稻：根据插秧返青生长的温度确定。籼稻插秧日平均温度须达到15℃；粳稻插秧日平均温度须达到14℃。为了生产上便于管理，统一为日平均温度须达到18℃以上开始插秧，鲁北为5月上旬，鲁南为4月下旬。麦茬稻：水稻生育期短，力争早插。插到6月底，不插7月秧。

（二）合理密植

1. 合理的群体结构

一般品种孕穗期叶面积指数（LAI）达到5—6为宜。山东省肥力不同田块群体结构变化范围如表2.2–5所示。

表2.2–5　山东省基本苗、分蘖、穗数变动范围

	基本苗（万）	成穗数（万）	最高分蘖（万）	成穗率（%）	产量形成
高产田	8—10	25—28	35—40	70	靠分蘖成穗
丰产田	10—15	28—30	40—45	50	茎蘖穗并重
大田	15—25	25左右	30—50	35—40	主茎穗为主

2. 合理的苗穴配置

正方形，行距、穴距相等。长方形，行距6—7寸，大者8寸；穴距3.5—4.5寸。大小行，小行5寸，大行8—9寸。春稻：2.5—2.8万穴/亩；麦茬稻：2.8—3万穴/亩。

3. 合理的穴苗数

大墩7棵；中墩3—6棵；小墩3棵。

（三）提高插秧质量

匀栽，浅栽。行穴分不匀，穴苗数一致。"宁可水上漂，不要栽到腰。"

精栽细栽。"二要四不要"：要直要齐；秧不过夜，不插烟斗秧，不插拳头秧，不插顺风秧。

四、水稻田间管理

水稻田间管理

五、严格去杂

在抽穗期、成熟期进行，淘汰不良单株。

六、防止机械混杂

在种子处理、浸种、催芽、播种、插秧、收获、脱粒、干燥和进仓等工作环节中，要严防机械混杂。常规大田用种生产的工作重心在于防杂保纯。

七、种子收获、检验、加工、贮藏

任务三　三系杂交稻制种技术

实操实验

学习目标	水稻杂交稻制种安全抽穗扬花期的确定；水稻杂交稻制种确保父母本花期相遇；水稻父母同壮的高产群体结构。	
材料设备准备	材料	水稻植株及种子。
	工具设备	挂图、课件。
实施过程	1. 调查市场；2. 查询资料。	

理论渗透

一、了解水稻杂交稻发展历史

袁隆平于 1971 年 2 月调到湖南省农业科学院专门从事杂交水稻研究工作。1973年，以他为首的科技攻关组完成了三系配套并成功培育杂交水稻，实现了杂交水稻的历史性突破。1986 年，袁隆平提出"两系法亚种间杂种优势利用"的发展观点；经 6年艰难攻关，他与研究人员成功地突破了两系杂交稻关键技术并推广应用，取得了良好的增产效果。三系杂交稻制种技术包括：不育系的繁育、保持系的繁育、恢复系的繁育和杂交制种技术。水稻三系的繁殖及杂交稻的制种示意图如表 2.2 - 6 和图 2.2 - 1所示。

表 2.2 - 6　水稻三系的繁殖及杂交稻的制种

不育系 × 保持系	⟶	不育系
保持系 × 保持系	⟶	保持系
恢复系 × 恢复系	⟶	恢复系
不育系 × 恢复系	⟶	杂交种 F_1

图 2.2 - 1　三系杂交稻制种

二、三系法杂交制种技术

(一) 制种田的选择

选择集中连片和便于隔离的地点；选择排灌方便、旱涝保收、光照充足、土壤肥沃、耕作性能好的田块；制种区须无检疫性水稻病虫害，如水稻白叶枯病和细菌性条斑病等；所在地区的耕作制度、交通条件、经济条件、群众的科学文化水平也是选择条件。

(二) 严格隔离

据研究表明：距离 10m 的，花粉混杂率为 5.2%；距离 20m 的，花粉混杂率为 2.3%；距离 30m 的，花粉混杂率降到 1%。

空间隔离：根据《籼型杂交水稻三系原种生产技术规程》(GB/T 17314—2011)，不育系与异品种采用自然隔离；恢复系、保持系的三圃与异品种距离不少于 20m，对于柱头外露率高的保持系和恢复系，从单株选择到原种圃，都要严格隔离，并且周围 (500m 以内) 不宜种植粳、糯品种。

时间隔离：与制种田四周其他品种的抽穗扬花期错开开花期 25 天以上。

父本隔离：制种田四周隔离区全部种植制种父本，纯度应该高。

屏障隔离：障碍物应高 2m 以上，搭置距离应不少于 30m。

(三) 确保花期相遇

确保花期相遇

（四）提高水稻异交结实率的方法

1. 割叶

在父母本见穗达5%—10%时，用割叶机械割去剑叶的1/3—1/2，排除传粉障碍。如施肥控制得好，使剑叶长度在25厘米以下，可以不割叶。见图2.2-2。

图2.2-2　水稻制种母本割叶

2. 喷施赤霉素

在母本见穗5%—10%时均匀喷施，连续喷3天，上午8：00—10：00喷施；3天总用量为180—270g/hm²，3天用量比为2:5:3；第2、第3次父母本同时喷。另用赤霉素养花，即正常喷施后隔1天开始，每天9：00—10：00用15g/hm²单喷母本，连续养花3天，能有效延缓柱头老化。

3. 人工辅助授粉

开花期内，每天10：30—12：30于父本散粉高峰期赶粉3—4次，轻推、重摇、慢回手。遇阴雨天，可抢雨停间隙或雨后现晴时及时赶粉。

4. 适宜的行比、行向

合理的父母本行比依制种组合不同而异，早熟组合以2:14—16为宜，中熟组合以2:16—18为宜，迟熟组合以2:18—20为宜。父本株行距为16.7cm×33.3cm，母本株行距为13.3cm×13.3cm，父母本间隔23.3cm。

（五）及时严格去杂去劣

杂交一代种子纯度每下降1个百分点，大田栽培产量下降80—100kg/hm²。要在秧苗期、分蘖盛期、破口期和成熟期，根据株叶型、叶色、长势、熟期等严格去杂去劣，保证父母本田间杂株率在0.5%以下。水稻制种除杂去劣时期和鉴别性状如表2.2-7所示。

61

表 2.2 – 7　水稻制种除杂去劣时期和鉴别性状

时期	鉴别性状
秧田期	叶鞘色、叶色、叶片的形状、苗的高矮，以叶鞘色为主识别性状
分蘖期	叶鞘色、叶色、叶片的形状、株高、分蘖力强弱，以叶鞘色为主识别性状
抽穗期	抽穗期、花药性状、稃尖颜色、开花习性、柱头特征、花药形态、叶色、叶型，以抽穗迟早、卡颈与否、花药形态、稃尖颜色为主要识别性状
成熟期	结实率、柱头外漏率、稃尖颜色，以结实率结合柱头外漏率识别

（六）加强黑粉病等病虫害综合防治

水稻虫害主要有二化螟、三化螟、稻飞虱、稻纵卷叶螟等。病害主要有稻瘟病、水稻纹枯病、稻曲病等。因此，对水稻病虫害应采用综合防治方法。

（七）适时收割

种子一旦成熟，应及时收割，单独脱粒、晒干，扬净入袋，严防机械混杂，保证种子质量。

任务四　水稻雄性不育系的繁殖技术

实操实验

学习目标	水稻雄性不育系的繁殖技术；水稻雄性不育系制种父母本花期相遇；水稻雄性不育系、保持系花期预测与调节。	
材料设备准备	材料	水稻植株及种子。
	工具设备	挂图、课件。
实施过程	1. 调查市场；2. 收集资料。	

理论渗透

一、水稻雄性不育系繁殖技术的要点

用不育系作为母本，保持系作为父本，按照一定行比种植在一块田里，靠风力传粉和采用人工辅助授粉，使不育系接受保持系的花粉受精结实，生产出下一代不育系种子，这一过程叫作不育系的繁殖。繁殖出的不育系种子，一部分作为繁殖不育系的种子（母本），一部分用来配制杂交种。纯度要达到99.8%以上。

水稻雄性不育系繁殖技术与三系制种技术基本相同，均是母本依靠父本花粉受精结实。

（一）不育系繁殖田的选择

选择集中连片和便于隔离的地点；选择排灌方便、阳光充足、土壤肥沃的田块；制种区无检疫性水稻病虫害，如水稻白叶枯病和细菌性条斑病等。

（二）严格隔离

根据《籼型杂交水稻三系原种生产技术规程》（GB/T 17314—2011），不育系与异品种实行严格隔离。应尽量选择自然屏障条件进行隔离，如果采用空间隔离，距离与其他可育水稻品种（系）700m 以上；如采用时间隔离，花期应错开 25 天以上。

（三）确保花期相遇

安排好正确的播种期、适时的插秧期和最佳的抽穗扬花期；适时分期播种；适时插秧；花期预测和调控。

（四）提高水稻异交结实粒的方法

1. 割叶

在父母本见穗达 5%—10% 时，用割叶机械割去剑叶的 1/3—1/2，排除传粉障碍。如施肥控制得好，使剑叶长度在 25 厘米以下，可以不割叶。

2. 喷施赤霉素

在母本见穗 5%—10% 时均匀喷施，连续喷 3 天，上午 8：00—10：00 喷施；3 天总用量为 180—270g/hm²，3 天用量比例为 2:5:3；第 2、第 3 次父母本同时喷。另用赤霉素养花，即正常喷施后隔 1 天开始，每天 9：00—10：00 用 15g/hm² 单喷母本，连续养花 3 天，能有效延缓柱头老化。

3. 人工辅助授粉

开花期内，每天 10：30—12：30 于父本散粉高峰期赶粉 3—4 次，轻推、重摇、慢回手。遇阴雨天，可抢雨停间隙或雨后现晴及时赶粉。

4. 适宜的行比、行向

合理的父母本行比以 2:8，1:4 为宜。父本株行距为 16.7cm×33.3cm，母本株行距为 13.3cm×13.3cm，父母本间隔 23.3cm。保持系和不育系的行向选择既要考虑光照充足，又要考虑风向；最好与风向垂直，或有一定角度，以利于风力传粉，提高结实率。

（五）及时除杂，适时收晒

要在秧苗期、分蘖盛期、破口期和成熟期，根据株叶型、叶色、长势、熟期等严格去杂去劣，保证父母本田间杂株率在 0.5% 以下。种子一旦成熟，应及时收割，单独脱粒、晒干，扬净入袋，严防机械混杂，保证种子质量。

任务五　三系七圃法制种技术

实操实验

学习目标	水稻杂交稻制种技术的演变；水稻三系七圃法杂交水稻制种技术主要环节。	
材料 设备准备	材料	水稻植株及种子。
	工具设备	挂图、课件。
实施过程	1. 调查市场；2. 收集资料。	

理论渗透

三系七圃法

三系各成体系，分别建立株行圃和株系圃，三系共建六个圃，不育系增设原种圃，合成七圃，可参看图1.4-6所示。七个圃建成后，每年就能生产出三系原种。该法以保持三系的典型性和纯度为中心，对不育系的单株、株行和株系都进行育性检验，但对三系都不进行配合力测验。此法的理论依据是，经过严格的育种程序育成并通过品种审定投放于生产的杂种水稻，其三系各自的株间配合力没有差异。

任务六　两系杂交水稻制种技术

实操实验

学习目标	水稻两系杂交稻发展历史；水稻两系的概念及两系杂交水稻制种技术主要环节。	
材料 设备准备	材料	水稻植株及种子。
	工具设备	挂图、课件。
实施过程	1. 调查市场；2. 收集资料。	

理论渗透

一、光温敏型核雄性不育系

（一）概念

1973 年，湖北省沔阳县原种场石明松，在粳稻品种"农垦 58"中发现了自然不育株。经过多年的研究，他发现该材料的不育性受细胞核内一对隐性主基因控制（也受一些修饰基因的影响），而且这种不育性随日照的长短而发生变化，即在夏季长日照条件下表现为雄性不育，在秋季短日照条件下又表现为雄性正常可育、自交结实。也就是说，该材料的雄蕊育性对光照反应敏感，因此这种现象又被称为光敏型核雄性不育。除"农垦 58"外，科研人员又在籼稻中发现了多个光敏型核雄性不育材料，以及温敏型核雄性不育材料（即育性转换的主要原因是温度变化造成的）。由于这些材料的不育是一种受光、温环境因素影响的不育，因此这类现象被统称为光温敏型核雄性不育。

（二）光温敏型核雄性不育系特点和优点

1. 光温敏型核雄性不育系特点

在长日照高温条件下（日长≥14 小时，温度≥24℃），它表现为雄性不育。

在短日照低温条件下（日长＜14 小时，温度＜24℃），它恢复雄性可育。

2. 光温敏型核雄性不育系优点

利用光温敏型核雄性不育系采用两系法制种比三系配套法制种有许多优点。首先，这种材料可以在秋季短日照条件下自交繁殖种子（保持系），在夏季长日照条件下又可作为配制杂交种的母本（不育系），这就是说不育系本身就是保持系，一系两用，方便简单。第二，由于该性状受细胞核内一对隐性基因控制，一般品种都可以作为它的恢复系，因此比较容易筛选出优势组合。第三，这种性状易于转育，能够容易地将不育基因转育到性状优良的亲本品种上。由于以上优点，这种育种方法一经提出就受到科技人员和有关领导的重视。

二、两系杂交水稻杂交制种

两系杂交水稻杂交制种是使用光温敏型核雄性不育水稻与其他水稻品种杂交的杂交水稻培育方法。由于光温敏不育系水稻具有一系两用的特性，所以在杂交时便于为其寻找更适合的配对，这大大提高了杂交水稻的培育便利性和制种单产。

三、两系杂交水稻杂交制种技术

两系杂交水稻杂交制种既要和三系一样选择最佳扬花授粉期，又要明确一个安全育性敏感期，避免因花期过迟导致不育系恢复自交结实而影响种子纯度，这是它不同于三系制种的基本特点，也是它操作运用的最难点。两系制种时主要抓好以下四项措施：

（一）选择育性稳定的光温敏型核雄性不育系

要选择育性稳定的不育系，防止不育系自交结实。导致不育系自交结实的主要原因是不育系敏感期遇到连续阴雨、低温，另一个原因是再生穗自交结实。

（二）选择最佳的安全抽穗扬花期

不同母本稳定不育的时间不同，因此要先观察母本的育性转换时期，要在稳定的不育期内选择最佳开花天气，即最佳抽穗扬花期。然后，根据父母本从播种到抽穗期的历时，推算出父母本的播种期。

（三）强化父本栽培

从当前两系杂交组合父母本的特性看，强化父本是必要的。因为强化父本，增加父本颖花数，增加花粉数量，有利于结实；还因为父本生育期短于母本，生长势弱于母本，异交结实率低。强化父本栽培的具体办法是父本壮秧育苗。可以采用两段育秧或旱育秧，加强肥水管理，大田期实行对父本偏肥管理。

（四）去杂去劣，保证种子质量。

要适时断水烤田，降低高位再生分蘖穗的发生；适期收获，不让高位再生分蘖穗自交结实的籽粒灌浆成熟；留高茬，将低位再生自交结实穗留在田间；采用物理方法，清选尚未成熟的自交结实的籽粒，努力提高种子纯度。

项目小结

本项目主要讲述了水稻常规种子原种生产技术、水稻常规品种大田用种生产技术；三系杂交稻、两系杂交稻制种技术；水稻不育系、保持系、恢复系原种生产技术；三系七圃法原种生产技术。

复习思考题

1. 水稻常规种子原种生产技术。

2. 水稻常规品种大田用种生产技术。

3. 水稻雄性不育系、保持系、恢复系概念。

4. 水稻不育系原种生产技术。

5. 水稻三系杂交稻制种技术。

6. 水稻两系杂交稻制种技术。

项目三　玉米种子生产技术

学习目标

知识目标

玉米杂交制种田的播种技术及花期预测与调节技术；杂交制种田母本去雄和辅助授粉技术。

能力目标

掌握玉米自交系原种生产中典型单株（穗）的选择和室内考种技术；掌握自交系原种、亲本种子生产技术操作规程的制订和操作技术；掌握玉米杂交制种田的播种技术及花期预测与调节技术。

情感目标

增强种子质量安全责任感；培养团结协作、协调沟通能力。

知识准备

玉米生物学特性

任务一　玉米自交系原种的生产技术

实操实验

学习目标	玉米发展历史；自交系的概念及玉米自交系原种生产技术主要环节。	
材料 设备准备	材料	玉米植株及种子。
	工具设备	挂图、课件。
实施过程	1. 调查市场；2. 收集资料。	

理论渗透

原种生产分两种方法，一种是由育种家种子直接繁殖；另一种是采用"二圃制"办法，以"选株自交，穗行比较，淘汰劣行，混收优行"的穗行筛选法进行。

（一）采用"二圃制"办法生产原种

1. 选株自交

在自交系原种圃内选择符合典型性状的单株套袋自交，袋纸以半透明的硫酸纸为宜。花丝未露前先套雌穗；待花丝外露 3.3cm（1 寸）左右，当天下午套好雄穗；次日上午露水干后开始套袋授粉；一般应一次授粉，个别自交系雄雌不协调的可两次授粉；授粉工作在 3—5 天内结束。收获期按穗单收，彻底干燥，整穗单存，作为穗行圃用种。

2. 穗行圃

将上一年决选单穗在隔离区内种成穗行圃，每系不少于 50 个穗行，每行种 40 株。生育期间进行系统观察记载，建立田间档案，出苗至散粉前将性状不良或混杂的穗行全部淘汰。每行有一株杂株或非典型株即全行淘汰，并在散粉前彻底拔除。决选优行经室内考种筛选，合格者混合脱粒，作为原种圃用种。

3. 原种圃

将上一年穗行圃种子在隔离区内种成原种圃。在生长期间分别于出苗期、开花期、收获期进行严格去杂去劣，全部杂株最迟在散粉前拔除。雌穗抽出花丝占 5% 以后，杂株率累计不能超过 0.01%；收获后对果穗进行纯度检查，严格分选，分选后杂穗率不超过 0.01%，方可脱粒，所产种子即为原种。

（二）生产要求

1. 定点

原种生产（含穗行圃、原种圃、育种家种子直繁田，下同）由种子部门负责安排，每个原种至少要同时安排两个可靠的特约基地进行生产。

2. 选地

原种生产田必须地块平坦，地力均匀，土层深厚，土质肥沃，灌排方便，稳产保收。

3. 隔离

原种生产田采用空间隔离时，与其他玉米花粉来源地至少相距 500m，时间隔离至少 40 天。

4. 播种

原种生产田采取规格种，播前要进行精选、晒种，将决选穗行的种子混合种植。

5. 去杂

凡不符合原自交系典型性状的植株（穗）均为杂株（穗）。应在苗期、散粉前和脱粒前至少进行三次去杂。

原种生产田中性状不良或混杂的植株最迟在雄穗散粉前全部淘汰。从植株抽出丝起，不允许有杂株散粉，可疑株率不得超过 0.01%；收获后应对果穗进行严格检查，杂穗率不得超过 0.01%。

6. 收贮

穗行圃实行当选优行混收脱粒。原种圃所产原种要达到《粮食作物种子　第 1 部分：禾谷类》（GB 4404.1—2008）标准，单独贮存，并填写质量档案。包装物内外各加标签，写明种子的名称、纯度、净度、发芽率、含水量、等级、生产单位、生产时间等。

任务二　玉米自交系亲本种子的生产技术

实操实验

学习目标	玉米自交系亲本种子生产技术主要环节。	
材料 设备准备	材料	玉米植株及种子。
	工具设备	挂图、课件。
实施过程	1. 调查市场；2. 收集资料。	

理论渗透

（一）定点

自交系亲本种子的生产，应做到每系少由两个基地同时进行生产。

（二）选地、隔离

选地：亲本种子生产田必须地块平坦，地力均匀，土层深厚，土质肥沃，灌排方便，稳产保收。

隔离：亲本种子生产田采用空间隔离时，与其他玉米花粉来源地至少相距500m。

（三）播种

生产单位应做到精细播种，努力提高繁殖系数。

（四）去杂

在苗期、雄穗散粉前和脱粒前至少进行三次去杂。

全部杂株最迟在雄穗散粉前拔除，散粉杂株率累计超过0.1%的繁殖田，所产种子报废；收获后要对果穗进行纯度检查，杂穗率超过0.1%的，种子报废。

（五）收贮

穗行圃实行当选优行混收脱粒。同时淘汰病、虫、劣、霉烂穗，所产种子即为亲本种子。亲本种子单独贮存，并填写质量档案。包装物内外各加标签，写明种子的名称、纯度、净度、发芽率、含水量、等级、生产单位、生产时间等。

任务三　玉米亲本单交种（含亲本姊妹交种）的配制

实操实验

学习目标	玉米亲本单交种制种基地选择、隔离、确保父母本花期相遇。	
材料 设备准备	材料	玉米植株及种子。
	工具设备	挂图、课件。
实施过程	1. 调查市场；2. 收集资料。	

理论渗透

一、玉米亲本单交种（含亲本姊妹交种）的配制

（一）定点

亲本单交种的配制应安排在生产条件好的大田用种场或特约基地进行。每个亲本单交种应有两个以上基地同时进行配制。

（二）选地、隔离

1. 选地

原种生产田必须地块平坦，地力均匀，土层深厚，土质肥沃，灌排方便，稳产保收。

2. 隔离

（1）空间隔离

根据《玉米种子生产技术操作规程》（GB/T 17315—2011），空间隔离时，制种基地与其他玉米花粉来源地距离200m以上。

（2）时间隔离

通过调节播种或定植时间，使种子田的开花期与四周田块同一种作物其他品种的开花期错开。一般春玉米播种前错开40天以上，夏玉米播种前错开30天以上。

（3）自然屏障隔离

利用山丘、树林、果园、村庄、堤坝、建筑等进行隔离。在屏障隔离时，在空间距离达到100m的基础上，制种基地周围应设置隔离带，隔离带宽度不少于5m，高度不少于3m，同时另种不少于5m的父本行。

（4）高秆作物隔离

在使用上述方法困难时，可采用高秆作物进行隔离。在杂交制种田四周，利用种植高粱、红麻、甘蔗、向日葵等高秆作物实行隔离。高秆作物安全隔离的宽度应在80m以上，并要比制种田早播10—15天。

（5）隔离区数目

配套繁育一个单交种（A系×B系），需要每年同时分别设置两个亲本自交系繁殖隔离区和一个单交种制种隔离区。

（6）隔离区面积计算

要根据生产需要的杂交种种子数量、杂交制种的平均单产水平以及亲本自交系平均单产水平，按比例安排亲本自交系繁殖面积和杂交制种面积，做到有计划配置杂交种种子和繁殖亲本自交系种子。具体计算方法：

亲本自交系繁殖面积（hm²）＝下一年需要种子数量（下一年播种面积×每公顷

播种量）/亲本平均单产×种子合格率（%）

杂交制种面积（hm^2）=下一年需要种子数量（下一年播种面积×每公顷播种量）/母本行平均单产×母本行比×种子合格率（%）

（三）播种

按照育种者的说明并结合当地实践经验进行播种，播种前要进行精选、晒种，特别要注意错期、行比、密度的设置。错期要保证父母本花期相遇良好；行比要根据有利于提高制种产量、保证父本有足够的花粉供应母本和方便田间作业而定。种子田的两边和开花期季风的上风头要在父本播种3—5天后，再顺行播两行以上的父本作采粉用。要对父本行做好标记。

1. 确定合理的亲本行比

在保证父本行有足够的花粉，能满足对母本行授粉的需要的前提下，尽可能增加母本行的行数，这是提高玉米杂交种制种产量的重要措施之一。父本花粉量足、供应时间长，父本行有足够的花粉来满足母本行授粉的需要，是制种结实率高的一个重要保证。行比的确定一般根据父本花粉量的多少、雄穗分枝的多少、花粉是否容易扩散、散粉期是否集中以及父母本株高是否协调等因素来确定。一般行距为40—50cm的，父母本行比为1:5—6；行距为70cm的，最好采用1:4或2:6的行比；父本可以分2—3期播种，延长散粉期。这样可以使由于各种原因造成的生长不一致的母本，都能及时得到花粉，从而提高结实率。

2. 调整亲本播期以保证避开高温干旱天气

要根据制种亲本对高温、干旱的抗性强弱以及生育期的长短，合理安排播种时期，在玉米小花分化期、花期避开高温干旱的不利影响。如：晚熟组合可以采取地膜覆盖，适当早播；中、早熟组合可以适当晚播。

3. 调节亲本播期以使花期相遇

制种区父母本花期相遇良好，是制种成功的关键。玉米制种最理想的花期相遇是母本吐丝盛期比父本散粉盛期早2—3天。玉米雌穗花丝的生活力一般可维持7—10天，抽丝后3—5天接受花粉能力最强。玉米雄穗开花散粉期一般可维持5—7天；其中第2—5天为散粉盛期，散粉量占总散粉量的82%—93%；花粉的生活力一般可维持5—6天。

调节花期的基本原则：宁可母等父，不可父等母；迟熟早播，早熟晚播。

调节花期的具体方法：

用双亲的生育期确定播期。若母本的吐丝期比父本散粉早2—3天，则父母本同期播种；若双亲抽穗期相同，则母本浸种8—12小时后，与父本同期播种，或者父本晚播3—4天。注意，双亲花期相差的天数并不等于播种期相差的天数。

用双亲的总叶片数确定播期。调节的原则是，在生育期间母本比父本领先 1—2 片叶。

采用父本分期播种法。若双亲抽穗期相差较大或对双亲的抽穗期差异不太了解，可采用父本分期播种，以保证花期相遇。一般父本可分 2—3 期播种，春播时每期间隔 5—7 天，秋播时每期间隔 3 天左右。

4. 严格分清父本母本行

若父母本同期播种，要有专人负责播种，严防播错种子；若父母本错期播种，要将晚播亲本的行距、行数在田间标记，以防重播漏播。行向要直要正，不可交叉。

5. 制种区的种植行向

种植行向最好与当地在玉米散粉时的风向垂直，以利于借助风力传粉，提高制种产量。

6. 合理密植

制种区的种植密度因亲本种类、栽培水平、土壤肥力等而异：单交制种，一般密度为 52 500—90 000 株/hm^2；早熟或紧凑型自交系为 75 000—90 000 株/hm^2；在肥水条件好的地块，可以适当加大密度，增株增穗，提高制种产量。

7. 花期预测及促控调节

做好花期预测及促控调节，尽量保证花期相遇，是制种成功的关键。制种过程中，有时按规定的天数调节了双亲的播种期，但因当年的气候特殊或栽培管理不当，如高温干旱、灌水不及时等，还可能出现花期不遇。因此，生长期要定期查记父母本叶片数，一般在花期前 15 天左右，父本未出叶片比母本多 1—2 片叶，则花期能良好相遇。如果预测出花期不遇，就要及时采取促进或者控制措施补救，促使花期相遇，具体方法有：对发育迟缓的亲本给予偏肥、偏水照管，促进发育；对发育偏早的亲本进行中耕，抑制发育；母本吐丝过早的剪短花丝；母本吐丝偏晚的剪短苞叶；等等。

花期预测与调节

（四）去杂

除杂去劣工作原则：自始至终，见杂就除，见劣就去。在制种田去杂，一般集中在苗期、抽雄期、收获后脱粒前至少进行 3 次。

1. 父本去杂

父本的杂株必须在散粉之前拔除。若母本已有 5% 的植株抽出花丝，而父本散粉杂株数占父本总数的 0.2% 以上时，种子报废。

2. 母本去杂

母本的杂株在去雄前完全拔除。母本的果穗要在收获后至脱粒前进行穗选，其杂穗率在 0.3% 以下时，才可脱粒。在制种田去杂，一般集中在苗期、抽雄期、收获后进行。制种田去杂时期和标准如表 2.3 - 1 所示。

表 2.3 - 1　制种田去杂时期和标准

时期	标准	方法	注意事项
苗期	叶色、叶鞘颜色、幼苗长相、生长势强弱等	3—4 叶时，把苗色不一、生长过旺过弱、不同的苗去杂。	拔掉的苗带出地外，就地深埋。
抽雄期	植株生长势、株型、叶片宽窄、色泽、雄穗形态等	根据原亲本典型性状，拔掉杂株。	彻底拔干净。拔掉的杂株带出地外，就地深埋。
收获后	穗型大小、籽粒类型、色泽、穗轴颜色等	根据原亲本典型性状，去杂。	去杂后再脱粒。

（五）母本彻底去雄

母本行的全部雄穗在散粉前要及时、干净、彻底拔除，坚持每天至少去雄一遍，风雨无阻，对紧凑型自交系采取带 1—2 叶去雄的办法。拔除的雄穗埋入地下或带出制种田妥善处理。母本花丝抽出后至萎缩前，如果发现植株上出现花药外露的花在 10 个以上时，即定为散粉株。在任何一次检查中，发现散粉的母本植株数超过 0.2%，或在整个检查过程中三次检查母本散粉株率累计超过 0.3% 时，所产种子报废。

（六）人工辅助授粉

为保证制种田授粉良好，应根据情况进行人工辅助授粉。特别要注意开花初期和末期的辅助授粉工作。如发现母本抽丝偏晚，可辅之以剪苞叶和带叶去雄等措施。也可以晃株授粉和采粉授粉。授粉结束后，要将父本全部砍除。

1. 晃株授粉

在父母本花期相遇良好、父本花粉量较大的开花盛期，每天上午露水干后的 8：00—11：00，用棍子拨动父本中上部或用手摇动父本植株，促进授粉。

2. 采粉授粉

在父本花粉量不足、母本吐丝持续时间过长、母本行比过大时，采用人工采集花粉给母本授粉的方法。具体方法：在父本开花期间，用采粉器采集正在开花的雄穗上的花粉；将花粉过细筛，筛下的花粉倒入授粉器；用授粉器均匀地摇落在雌穗花丝上。

二、玉米亲本单交种（含亲本姊妹交种）的适时收贮

配制成功的亲本单交种，一定要严防混杂，单独脱粒，单独收贮，包装物内外各加标签，种子质量须达到《粮食作物种子 第1部分：禾谷类》（GB 4404.1—2008）标准。

当制种田种子成熟后要及时收获，以免种子发芽或霉变，影响种子质量。收获时，在没有收割父本的制种田，严格进行父母本分别收获、运输、脱粒、贮藏，严防混杂。一般先收父本，然后清除落地的果穗后，再收母本。在北方地区，由于秋季热量较差，或母本生育期偏长，为加快种子后期脱水，促进后熟，可在蜡熟期将植株上的果穗苞叶剥开晾晒，7—10天后收获。

母本果穗在脱粒前要进行穗选，淘汰杂劣果穗。当果穗晒到含水量降至17%以下时，方可脱粒、晾晒，并进行筛选、分级，除去秕粒、破粒、病粒、虫粒。经晾晒达到安全水分后，才能入库贮藏。

包装入库时，袋内外要有标签，写明种子的名称、质量等级、生产年份、数量、制种单位等。要固定专人负责，专库存放，定期检查翻晒，以保证种子质量。

任务四 玉米生产用杂交种的配制

实操实验

学习目标	玉米生产用杂交种制种技术主要环节；玉米生产用杂交种制种的确定；花期预测与调节。	
材料设备准备	材料	玉米植株及种子。
	工具设备	挂图、课件。
实施过程	1. 调查市场；2. 收集资料。	

理论渗透

一、玉米生产用杂交种的配制

（一）定点

生产用杂交种的配制，应选择条件适宜的单位建立制种基地，并保持相对稳定。

（二）选地

制种地块应当土地肥沃、旱涝保收，尽可能做到集中连片。

（三）隔离

制种田采用空间隔离时，与其他玉米花粉来源地不应少于200m，甜、糯玉米和白玉米在400m以上；采用时间隔离时，错期应在40天以上。

（四）播种

按照育种者的说明并结合当地实践经验进行播种，播种前要进行精选、晒种，特别要注意错期、行比、密度的设置。错期要保证父母本花期相遇良好；行比要根据有利于提高制种产量、保证父本有足够的花粉供应母本和方便田间作业而定。种子田的两边和开花期季风的上风头要在父本播种3—5天后，再顺行播两行以上的父本作采粉用。要对父本行做好标记。

（五）去杂

凡异常的父母本植株均应在散粉前拔除干净。若父本的散粉杂株数超过父本植株总数的0.5%，制种田应报废。收获后脱粒前，要对母本果穗进行穗选，剔除杂劣果穗。经检查核准，杂穗率在1.5%以下时，才能脱粒。

（六）去雄

母本行的全部雄穗在散粉前要及时、干净、彻底拔除，坚持每天至少去雄一遍，风雨无阻，对紧凑型自交系采取带1—2叶去雄的办法。拔除的雄穗埋入地下或带出制种田妥善处理。母本花丝抽出后至萎缩前，如果发现植株上出现花药外露的花在10个以上时，即定为散粉株。在任何一次检查中，发现散粉的母本植株数超过0.2%，或在整个检查过程中三次检查母本散粉株率累计超过0.3%时，所产种子报废。在整个去雄过程中检查累计散粉株率超过1%时，制种田报废。

（七）人工辅助授粉

为保证制种田授粉良好，应根据情况进行人工辅助授粉。特别要注意开花初期和末期的辅助授粉工作。如发现母本抽丝偏晚，可辅之以剪苞叶和带叶去雄等措施。授粉结束后，要将父本全部砍除。

二、收贮

配制成功的杂交种，要严防混杂，剔除杂穗，单独收贮，包装物内外各加标签。种子质量达到《粮食作物种子　第1部分：禾谷类》（GB4404.1—2008）标准。

任务五　玉米田间纯度检查

实操实验

学习目标	玉米纯度的概念、测定方法；玉米纯度测定技术主要环节。	
材料 设备准备	材料	玉米植株及种子。
	工具设备	挂图、课件。
实施过程	1. 调查市场；2. 收集资料。	

理论渗透

（一）检查项目和依据

抽雄前至少要进行两次检查，着重查明隔离条件、种植规格和去杂情况是否符合要求。苗期主要以幼苗叶鞘颜色、叶形、叶色和长势的典型性为检查依据。

开花期至少要检查三次去杂情况，监督制种单位及时、干净、彻底去雄。抽雄开花前主要以株型、叶形、叶色、雄穗形状和分枝多少、护颖色、花药色、花丝色等典型性为检查依据。

收获时、脱粒前和交种前，还要分别检查收获情况、场间去杂情况等。脱粒前主要以穗型、粒形、籽粒大小、籽粒颜色、穗轴色等典型性为检查依据。

此外，还要根据抗逆性、生育期等特性进行检查。

（二）检查结果的处理

每次检查，都应将检查结果准确记录，根据玉米自交系、杂交种田间纯度要求，确定种子合格与否。发现问题，应会同受检单位负责人（或承包人）进行复查，并责成其在同次检查记录卡上签字。全部检查结束后，要将检查结果报送主管单位；对于报废的种子，要将报废的理由及时以书面方式分别通知主管单位和种子生产单位。所生产的各类种子，由各级种子检验机构根据《农作物种子检验规程》（GB/T 3543.1—3543.7—1995）、《粮食作物种子　第1部分：禾谷类》（GB 4404.1—2008）标准进行检验定级。

知识拓展

玉米栽培技术

项目小结

　　本项目学习了玉米的原种、亲本种子生产技术，完成了种子田去杂去劣技能训练。

　　通过本节学习，将玉米自交系原种、亲本种子种子生产的技术环节和杂交种制种技术联系起来，并利用所学知识和技能解决种子生产上的问题，能制定出种子生产技术规程和指导种子生产，实现种子生产的高产、高效、低消耗和生态环境友好。

复习思考题

1. 玉米自交系、姊妹系概念。

2. 玉米自交系二圃制原种生产技术。

3. 玉米自交系一圃制原种生产技术。

4. 玉米自交系亲本种子生产技术。

5. 玉米种子田去杂去劣技术。

6. 玉米杂交种制种技术。

7. 玉米高产栽培技术。

项目四　甘薯种子生产技术

学习目标

知识目标

甘薯开花授粉的生物学基础；杂交母本去雄和辅助授粉技术；甘薯繁殖田去杂去劣技术。

能力目标

熟悉甘薯原种、大田用种生产技术路线和方法；掌握甘薯杂交技术方法。

情感目标

增强种子质量安全责任感；具有团结协作、协调沟通能力。

知识准备

甘薯生物学特性

任务一　甘薯的繁殖方式

一、甘薯的繁殖方式

甘薯属于短日照作物，在我国北纬23°以南，一般品种能自然开花。甘薯为异花授粉作物，自交不孕，异交结实。天然异交所得的甘薯种子，遗传基础复杂，后代性状分离，产量降低。因此，除杂交育种外，在甘薯生产上很少采用有性繁殖，通常采用块根、茎蔓、薯尖等无性繁殖。在中国北方，早春气温较低，对甘薯应用苗床加温育苗，以延长其生长期，提高其产量。

（一）薯块直插繁殖

指利用小薯直接插种于大田，小薯自身膨大成大薯（窝瓜）；或者将小薯浅插，母薯大半露出土表，使之木质化，控制母薯自身膨大，促使母薯上不定根膨大成小薯（窝瓜下蛋）。这种方法用种量大，易感染病菌，生产上应用较少。

（二）茎蔓繁殖

指利用春薯田剪苗作秋冬薯田插植用；或在秋薯田剪苗插植于苗圃繁殖，越冬后再剪苗栽插于大田。这种做法在华南南部冬暖地区应用较普遍，它操作粗放，可节省劳力土地，比较经济，如能注意良苗选择未必比苗床育苗差。但如年年沿用大田苗栽插，苗的发育将逐渐低落退化，使薯形变小、小薯率增加、产量减低，故须于2—3年后用种薯育苗更新一次。

（三）薯块育苗繁殖

为甘薯生产中普遍应用的繁殖方法，指利用薯块周皮下潜伏的不定芽原基萌发长苗，然后剪苗栽插于大田；或剪苗插植于采苗圃繁殖，再从采苗圃剪苗栽插于大田。此法虽然对劳力、土地利用不经济，但易获得优良苗。此法育苗方式有温床育苗和露地育苗。露地育苗是利用太阳辐射培育甘薯苗的方法，可以覆盖草毡。

1. 育苗时间

3月20日之前育苗。培育薯秧的时间不能迟于春分，因为薯块培育薯秧是个时间较长的过程。一般情况下，从薯块上炕到移苗定植或剪苗扦插，需要40多天的时间。如果遇到倒春寒，或者培育技术欠缺以及受其他意外因素影响，这个育苗过程需要延长到50—60天。

2. 种薯处理与上床

育苗时，要选取品种纯正、大小适中、无棱沟、无病斑伤痕、无冻疮腐烂的中型薯种，最好使用50%的多菌灵800倍液或50%的甲基托布津500—800倍液浸种10分钟再下种，以防止因病烂床。

育苗时，要选择背风向阳、地势较高、土质肥沃、排灌便利、前茬无病虫害、无重茬薯类作物、管理方便、无安全隐患的地方作为繁育基地。炕床的营养土以偏沙性无病虫壤土为宜。排种方法可以平排、斜排、平放。排种量一般为 $27kg/m^2$。

可使用充分腐熟的牛粪3份与沙土7份搭配掺匀，配制成厚度约为10cm的垫床营养基土；接着再使用一层细沙铺设在营养土上，之后均匀摆放种薯；种薯排列整齐后，上面覆盖5cm厚度的细沙，然后喷水浸润炕床；随后使用薄膜覆盖在苗床上，以保温保湿；苗床上面可再搭制一个使用塑料布密闭、外设草毡或毛毡的拱棚，以便于控温。

3. 苗床的管理

苗床管理是出苗早晚、秧苗多少、秧苗壮弱的关键，要做到：高温催芽，中温长苗，低温练苗，采苗后追肥浇水，合理控制光照。甘薯苗床的管理见表2.4－1。

表2.4－1　甘薯苗床的管理

时期	床土温度	床土持水量	管理目标	管理措施
排种到出苗	30—32℃	浇透水	高温催芽	晚上盖膜盖草毡。低于15℃不能发芽，高于35℃也会抑制种薯发芽和生根。
出苗到采苗前5—6天	25—28℃	70%—80%	平温长苗	白天注意通风，防苗灼伤。温度不能太高，防止苗弱和高热烂床。
采苗前5—6天到采苗	20℃左右	60%	低温练苗	夜不盖草毡，逐渐揭膜。遇大风仍盖膜盖草毡。
采苗	20℃左右	60%	健壮秧苗	高剪苗20cm、拔苗。
采苗后	25—28℃	70%—80%	健壮秧苗	追标准氮肥45g/m^2、磷酸二氢钾4.5g/m^2。浇水不能过多，防止缺氧烂床。

4. 采苗及薯苗处理

薯苗长到够标准后应及时采苗，否则薯苗会因拥挤而通风透光不良，进而导致下部叶片及小苗发黄，这样不仅影响薯苗品质，还会减少下茬苗的数量。采苗坚持选拔壮苗的原则，好苗长好秧，是丰收的基础。

壮苗的标准：茎粗壮，节间短，叶片肥厚且大小适中，经过练苗后茎尖藏于叶片之下（俗称四平头）；苗长20—25cm，苗龄30天左右，组织充实，老嫩适宜，百株重500g以上，具有本品种特征，无病害，浆汁多。

传统的采苗方法是在床上拔苗，优点是作业速度快，根据手感拔苗准确，容易掌握苗的质量一致性；缺点是容易造成种薯芽原基部位受伤、感病和种薯所带病害的传播。尤其在老薯区，以拔苗方式采苗常是许多病害传播的主要途径。从表面上看，因苗的下部带有许多不定根，人们常常认为以拔苗方式采苗栽后容易成活。其实，甘薯苗的发根能力是很强的，只要温度、湿度适合，苗茎的任何部位都能随时发出新根。而拔苗时带出的幼根大小不一，栽播后即便成活，大根也会在生长上占优势，生长快，结薯早，强有力地争夺了幼根、小根的营养，从而造成结薯不整齐。同时根据研究，这些大小不一的根还是造成结"贼薯"即结薯不集中的主要原因。

科学的采苗法应该是应用消过毒的剪刀，在所选薯苗基部的上方2—2.5cm部位处剪取，称为"高剪苗"。高剪苗法一方面可使苗下部留有2个左右的节（叶的着生点），使节处腋芽萌发，长出新苗，从而增加苗的产量；另一方面可保证种薯的健康安全，促使其可持续出苗。

从春薯栽完到夏薯栽完约经历45天时间。由于气温已升高，育苗床上、棚上不再盖膜。为使夏薯苗苗壮，栽完春薯后需要在种薯上加盖一层营养土、追2次速效化肥、浇 4 次水。

剪苗与薯苗处理。薯苗达到 23—25cm 时会长出 6—7 叶，应及时剪苗，采苗不及时会发生薯苗拥挤、荫蔽，从而降低薯苗的质量、影响小苗的生长。随着剪苗次数的增加，逐渐抬高剪苗位置是防止种薯传染疾病的有效措施。苗剪下后，分大小株分级存放，可用寄苗催根的药液浸苗杀菌、催根。具体做法：挖宽 1.3m、深 18cm 的池子，长度依需要而定；池底铺 10cm 肥沃的细土，浇水湿润；将剪下的薯苗 3 株为一束，插入细土中，株行距为 5cm；盖单膜拱棚，地温保持 25—32℃为宜，经 7—8 天后，待长出根后再栽。杀菌药可采用多菌灵、甲基托布津等，催根可用 ABT 生根粉，根据产品使用说明配液。

任务二　甘薯原种生产技术

一、甘薯原种的重复生产技术

由育种单位提供育种家种子，通过加代繁殖生产原原种，再由原原种加代繁殖生产原种。

二、甘薯原种的两圃制生产技术

采用无性繁殖系选法生产原种，就是从选择一个种薯长成的单株开始无性繁殖，很多无性系经多年比较、鉴定、选优，将优系作为原种扩大繁殖推广，其基本程序是：

1. 选留单株

优良单株主要在原种圃选择；尚未建立原种圃的，可从无病留种地或纯度高的大田内选择。单株选择一般在团棵（分枝）至封垄前，根据原品种地上部特征，在田间目测比较进行初选；顶部三叶平齐、茎粗节短者为健株，顶芽前伸成鼠尾状、节细长者为退化株。入选株插入标记。收获时再根据原品种结薯的特征特性进行复选，淘汰薯形细长的退化株，当选单株留 150g 以上薯块一个作种，并编号，分株贮藏。

2. 株行鉴定

第二年种薯育苗前进行复选，剔除带病或贮藏不良的单株，不同种株的薯块隔开育苗。甘薯病症在苗期很容易识别，发现叶脉变黄，叶片变小、皱缩，以及形成淡绿色和深绿色相间花叶的，应立即将该单株的薯苗与薯块全部拔除。

苗床上要选择茎蔓粗壮的健苗，在离地面 3.5—7cm 处剪下，按株栽入采苗圃或株行圃。采苗圃应加强管理，待蔓长达 30cm 时，选具有本品种典型性的薯蔓以离地面10—15cm 处高剪苗，栽入夏薯留种田内。栽插夏薯留种，既可减轻黑斑病危害，还可因为它的贮藏性能较好而减少贮藏期间的损失。

株行圃在肥力均匀的试验地起垄，单行栽插，每株行一般栽 30 个带顶尖的枝条，可加入对照实行间比法排列。在封垄前和收获期进行评比鉴定，封垄前鉴定地上部特征、植株生长势和整齐度，拔除病株、杂株、生长不整齐以及不符合原品种典型性的株行。收获前挖取有代表性的薯块（分别计入产量）测定烘干率，收获时分别计算薯块的干鲜重。最后将比对照行增产的株行入选混合，单独贮藏，下年进行混系繁殖。

3. 混系繁殖

将上一年当选的种薯育苗栽入采苗圃（根据实际情况决定是否设立采苗圃）或大田后，在苗期、封垄前以及收获期，根据原品种地上、地下部特征特性去杂去劣，拔除病株，适时收获，安全贮藏，下年进入原种生产圃。

此外，在株行圃或原种圃内如发现优异的变异株，不能混入原种，应单独保存、单独繁殖利用。

知识拓展

甘薯栽培技术

项目小结

本项目学习了甘薯的原种、大田用种生产技术，完成了种子田去杂去劣技能训练。

通过本节学习，将甘薯原种、大田用种种子生产的技术环节联系起来，并利用所学知识和技能解决种子生产上的问题，能制定出种子生产技术规程和指导种子生产，实现种子生产的高产、高效、低消耗和生态环境友好。

复习思考题

1. 甘薯三圃制原种生产技术。

2. 甘薯二圃制原种生产技术。

3. 甘薯一圃制原种生产技术。

4. 甘薯大田用种生产技术。

5. 甘薯种子田去杂去劣技术。

6. 甘薯脱毒育苗技术。

7. 甘薯高产栽培技术。

项目五 棉花种子生产技术

学习目标

知识目标

棉花大田用种繁育的特点；棉花大田用种退化的原因；棉花大田用种繁育技术的演变。

能力目标

掌握棉花原种生产中典型单株的选择和室内考种技术；掌握棉花自交混繁法原种生产技术；掌握棉花杂交种子生产中的人工去雄制种技术。

情感目标

增强种子质量安全责任感；具有团结协作、协调沟通能力；具有安全生产意识。

知识准备

棉花生物学特性

任务一　棉花常规品种原种生产技术

《棉花原种生产技术操作规程》（GB/T 3242—2012）是 2013 年 7 月 1 日实施的一项中国国家标准。棉花的原种可以采用育种家种子重复繁殖生产，也可以采用三圃法或者自交混繁法生产。

一、三圃制原种生产技术

三圃面积的比例南方为 1∶10∶100，北方为 1∶8∶80。具体操作步骤介绍如下：

（一）单株选择

1. 选择来源

在棉花原种圃、株系圃或纯度较高的种子田及大田中选择具有原品种典型性状的单株。

2. 选择时期

单株选择第一次在结铃盛期初选，根据株型、铃型、叶型等主要性状选择，并在入选单株植株顶端拴上标牌；第二次在吐絮期收花前复选，在第一次入选单株中根据结铃性、吐絮的绒长与色泽、成熟早晚等性状复选。抗病品种应进行劈秆鉴定，选择抗病单株。

3. 选择数量

选择数量根据下一年株行圃面积而定，一般每公顷株行圃需种植 1 500 个单株，按 50％决选率计算，每公顷株行圃需备选 3 000 个单株。

4. 选择单株的收获

入选单株统一收取中部果枝内围铃正常吐絮的 5 个棉铃，一株一袋，晒干贮存，供室内考种。

5. 室内决选

室内考种主要考查铃重、绒长、衣分、籽指、籽型等性状，一般留下复选后收获单株的 50％作为决选单株。决选单株编号，分别轧花保存种子，下一年种于株行圃。

（二）建立株行圃

1. 田间种植

将上一年决选的单株种子按序号分别种于株行圃。根据种子量多少设定株行圃的行长，一般为 10m；每隔 9 个株行设 1 行对照（本品种的原种）。每区段的行数要一致，区段间要留出 0.8—1.0m 宽的观察道。四周种植本品种原种 4—6 行作隔离和对照。播种前绘好田间种植图，按图播种。留苗密度略小于大田。

2. 鉴定选择

生育期间分别在苗期、花铃期、吐絮期进行鉴定。苗期鉴定出苗期、出苗率、抗病性、茎色。花铃期鉴定生长势、开花期、典型性、抗病性。吐絮期始期鉴定生长势、成熟期、结铃性、纯度、病虫害发生情况。吐絮期盛期鉴定典型性、早熟性。

3. 收获

对田间入选株行和对照行，每行先收中部果枝吐絮完好的内围铃 20 个用于考种。

4. 室内决选

室内考种主要考查铃重、绒长、纤维整齐度、衣分、籽指、籽型等性状，按株行收获记产。根据考种和测产结果，决选出具有原品种典型性状的株行，分别轧花保存种子。株行决选率一般为60％。

（三）建立株系圃

1. 播种

将上年决选的株行种子分别种成小区。每个小区（株系）种2—4行，行长15m，间比法排列；每隔4个株系设一个对照（本品种原种）。

2. 鉴定选择

田间观察、鉴定、测产同株行圃，淘汰杂株率超过2％的株系。株系决选率一般为70％。

3. 收获

入选株系混合采收、轧花，作为下一年原种圃用种。

（四）建立原种圃

1. 播种

将入选株系混合轧花的种子，采用单粒等距稀植点播或育苗移栽的方法进行高倍繁殖。

2. 去杂去劣

始花前和收花前严格进行去杂去劣。

3. 收获

霜前花和霜后花分摘，以霜前花留种。

二、自交混繁法原种生产技术

采用自交混繁法生产棉花原种，是由南京农业大学教授陆作楣等人，根据棉花的授粉和繁殖特点以及传统的三圃制方法存在的不足而提出来的。棉花为常异花作物，天然杂交率较高，因而其后代群体中会不断发生分离和重组，出现各种变异，在自然授粉条件下很难得到高度纯合的群体。通过多代自交和选择，可以提高品种的纯度，减少植株间的遗传差异。自交混繁法可通过分系自交保纯、混系隔离繁殖来减少个体的遗传差异，生产出高纯度的原种。

以自交混繁法生产原种需要设置保种圃、基础种子田、原种生产田，三者的比例约为1：20：500。其生产流程如图2.5－1所示。

（一）建立保种圃

保种圃是自交混繁法生产棉花原种的核心。保种圃建立以后，各自交株系体制就会相对稳定。

1. 选株自交

用育种单位提供的原种建立单株选择圃，进行单株选择和自交。单株选择应根据品种的典型性状，选择株型、铃型、叶型及丰产性、纤维品质、抗病性等主要性状符合原品种典型性状的单株。第一次选择在蕾期，选择典型单株并挂牌标记；第二次选择在结铃期，根据结铃性选择典型单株并挂牌标记。对于第一次入选的单株，当中下部果枝开花时进行自交，每株自交 15—20 朵花；一般每个品种自交 400 个以上单株，每株至少有 5 个以上正常吐絮的自交棉铃。棉花自交的方法：用 24cm 长的棉线，一端捆住第二天要开花的花冠顶部，另一端系在自交花朵的花柄上，待花冠脱落后，棉线仍保留其上，可作为自交记号。也可在尚未开花的花冠上涂胶黏剂，使花冠不能张开，并将花萼涂上白漆，作为自交记号。

采收时，分株采收自交铃，随袋记录株号及铃数。晒干后经室内分株考种，根据单铃重、绒长、纤维整齐度、衣分、籽指等性状决选 200 个单株备用。

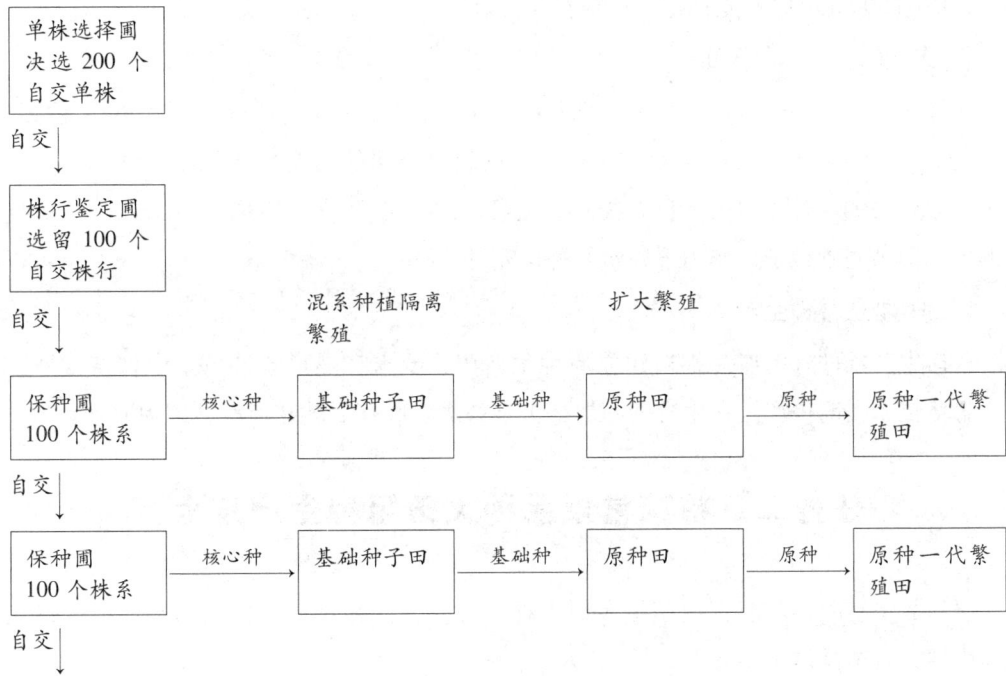

图 2.5 - 1　棉花自交混繁法繁育原种流程图

2. 株行鉴定

将上一年决选单株的自交种子按序号分别种于株行圃，每个株行不少于 25 株，周围种植该品种的原种作为保护区。在生育期间，按品种典型性、丰产性、纤维品质和抗病性等进行鉴定，于初花期在生长正常、整齐一致的株行中继续选株自交，每个当选株行应自交 30 朵花以上。吐絮后，分株行采收正常吐絮的自交铃，并注明株号和收获铃数。经室内考种后，决选 100 个左右的典型株行。

3. 株系鉴定

将上一年当选株行的自交种子按编号分别种成株系，周围种植该品种的原种作为保护区。在生育期间进行多次观察记载，对入选株系进行严格的去杂去劣，淘汰不符合要求的株系。开花期间，再在剩下的入选株系中选符合本品种典型性状的单株，以内围棉铃为主进行人工自交。收花时，在田间进行复选，淘汰不良株系及单株。入选株系的自交棉铃分株系混合收获，轧花后得到各株系的自交种子，分别装袋，注明系号保存，供下一年保种圃繁殖用种。入选株系的自然授粉的正常吐絮棉铃也分株系混收，经室内考种淘汰不良株系后，将剩下的株系混合轧花留种，即为核心种，供下一年基础种子田用种。

4. 建立保种圃

将收获的自交株系种子按株系种植，建立保种圃。在保种圃各株系内继续选株自交，生产保种圃繁衍用种。保种圃建立后即可连年不断地供应核心种。保种圃要注意隔离，周围500m以内不能种植其他棉花品种。

（二）建立基础种子田

选择生产条件好的地块，集中建立基础种子田，其周围应为原种生产田或保种圃，以免发生生物学混杂。在整个生育期间，注意观察个体的典型性和群体的整齐度，随时进行去杂去劣。开花期任其自然授粉，成熟后随机取样进行室内考种、计产。所收获的种子即为基础种子，作为下一年原种田用种。

（三）建立原种生产田

选择生产条件好的连片棉田建立原种生产田，要求在隔离条件下集中种植，采用高产栽培技术提高单产，在生育期间严格去杂去劣。收获后轧花留种，即为原种。

任务二 棉花常规品种大田用种生产技术

原种数量有限，不能直接满足大田用种的需要，必须进一步扩大繁殖。生产棉花大田用种，具体操作步骤如下：

（一）种子田的选择和面积

1. 种子田的选择

选择地势平坦、土壤肥沃、土质良好、排灌方便的地块。合理规划，同一品种尽量连片种植、规模化生产。合理轮作，禁止在存有黄萎病、枯萎病病菌的棉花田内生产种子。

2. 种子田的面积

种子田的面积应根据棉花种子的计划生产量来决定。

（二）种子田的隔离

棉花为常异花授粉作物，天然异交率为8%—12%，易造成天然杂交。棉花种子田要求100m以内不得种植其他棉花品种，或者利用山丘、树林、高秆作物等自然屏障进行隔离。

（三）种子田的栽培管理

种子准备。要搞好棉花种子的脱绒、清选、包衣工作。

严把播种关。要精细整地，合理施肥，适时播种，确保苗早、全、齐、匀、壮。更换不同品种时要严格清仓，防止机械混杂。

加强田间管理。要根据棉花生长情况合理施用肥水，搞好化控，加强病虫害防治。

严格去杂去劣。要在棉花苗期、开花结铃期严格去杂去劣，确保种子纯度。

霜前花留种。为确保种子质量，霜前花和霜后花应分收，单独轧花，霜前花用作种子，霜后花不能用作种子。

收花、轧花、贮藏过程中要防止机械混杂。

任务三　棉花杂交制种技术

我国对棉花杂种优势的研究与利用已有较长的历史，1990 年前后棉花杂交种开始大面积应用于生产。杂交种子生产技术有人工去雄、雄性不育系应用、应用指示性状制种等，其中对人工去雄和利用核雄性不育制种的研究较多、利用较广。

一、棉花人工去雄制种技术

人工去雄制种是目前国内外应用最广泛的一种棉花杂交种生产技术，即用人工除去母本的雄蕊，然后授以父本花粉来生产杂交种。其优点是父母本选配不受限制，配置组合自由，扩大了其应用范围。以此法制种，虽然去雄过程费时费工，增加了杂交种生产成本，但是近年来随着人工去雄技术改进，制种产量不断提高。所以，人工去雄制种方法应用日趋广泛。目前，生产上应用的杂交种能将棉花抗虫性与丰产性融为一体，为杂种优势的利用开辟了更为广阔的前景。

一般来说，采用人工去雄技术生产杂交种，一位技术熟练的工人一天可配制 0.5kg 种子，结合营养钵育苗或地膜覆盖等技术措施，可供 1 亩棉田用，所产生的经济效益是制种成本的十几倍，这适合我国农村劳动力密集的国情。所以，只要有强优势组合，采用人工去雄技术配制杂交种是很有应用价值的。人工去雄技术操作步骤如下：

（一）隔离区的选择

棉花是常异花授粉作物，为避免非父本花粉的传入，制种田周围必须设置隔离区或隔离带，一般隔离距离应在 200m 以上。如果隔离区有蜜源植物，要适当加大隔离距离。如果利用山丘、河流、林带、村庄城镇等自然屏障隔离，效果更好。隔离区内不得种植其他棉花品种。

（二）播种及管理

1. 选地

选择地势平坦、土壤肥沃、土质良好、排灌方便、集中连片且无黄萎病、枯萎病病菌的地块，底施农家肥和适量的氮磷钾复合肥。

2. 播种

播种时要注意调整父母本的播种期，使双亲花期相遇。当双亲生育期差异不大时，一般父本比母本早播3—5天；当双亲生育期差异较大时，可适当提前晚熟亲本的播种期。父母本种植面积比例通常为1:6—9（父本集中在制种田一端播种）。母本种植密度为37 500—49 500 株/hm^2，父本种植密度为56 500—60 000 株/hm^2，行距一般为80—100cm。

3. 管理

苗期管理主攻目标是培育壮苗，促苗早发；蕾期管理主攻目标是壮棵稳长，多结大蕾；花铃期管理主攻目标是适当控制营养生长，充分延长结铃期；吐絮期管理主攻目标是保护根系呼吸功能，延长叶片功能期。

（三）人工去雄

1. 去雄时间

大面积人工制种宜采用全株去雄授粉法。为了保证杂交种子的成熟度，一般有效去雄授粉日期为7月5日至8月15日（7月5日前及8月15日以后的父母本花、蕾、铃则全部去除）。在此期间，每天下午2：00至天黑前，选第二天要开的花去雄；在次日清晨授粉前逐行查找未去雄的花，并立即去雄。

2. 去雄方法

棉花去雄主要采用徒手去雄的方法，当花冠呈黄绿色并显著突出苞叶时即可去雄。具体操作步骤：用左手拇指和食指捏住花冠基部，分开苞叶；用右手大拇指指甲从花萼基部切入，并用右手食指、中指捏住花冠，向右轻轻旋剥，同时稍用力上提，把花冠连同雄蕊一起剥下，露出雌蕊；随即在铃柄或苞叶内侧放上一根红线做上标记，以备授粉时寻找。剥下的花冠放入随身携带的网袋里带出制种田外。

3. 注意事项

去雄时注意六点：一是指甲不要掐入太深，严防伤及子房；二是防止弄破子房白膜，剥掉苞叶；三是扯花冠时用力要适度，严防拉断柱头；四是去雄要彻底干净，去掉的雄蕊要带出田外，严防散粉后自交；五是禁止早上去雄；六是细查是否有漏去雄的花，要摘除带出。

（四）人工授粉

授粉时间以花药散粉时间为准，一般上午8：00—12：00都可以授粉。天气晴朗时温度高、湿度小，散粉较早；阴雨低温时散粉较晚。授粉方法主要有单花法、小瓶法、扎把法，现分别叙述如下：

1. 单花法

将摘取的父本花放在阴凉处备用。授粉时左手拇指、食指捏住母本柱头基部；右手捏住父本花朵，让父本花药在母本柱头上轻轻转两圈，使母本柱头上均匀地沾上父本花粉。一般每朵父本花可授粉4—5朵母本花，发现父本花没有花粉时要及时更换新的父本花朵。

2. 小瓶法

授粉前将父本花搜集在小瓶里，瓶盖上凿制一个直径为3mm的小孔。授粉时左手轻轻捏住已去雄的母本花蕾；右手倒拿小瓶，将瓶盖上的小孔对准母本柱头套入，并将小瓶稍微旋转一下或用手指轻叩一下，然后拿开小瓶，授粉完毕。

3. 扎把法（也叫集花授粉法）

将多个从父本上剥下来的雄蕊扎在一起，然后用其在母本柱头上涂抹。该法省时省力，效果较好。

无论采用哪种授粉方法，均要求授粉充分、均匀，否则会产生歪嘴桃和不孕籽，严重者会造成棉桃脱落。

在雨水或露水过大、柱头未干时不能授粉，否则花粉粒会因为吸水破裂而失去生活力。制种期间如预报上午有雨，不能按时授粉，可在早上父本花未开时，摘下当天能开花的父本花朵，均匀摆放在室内，于雨停后棉棵上无水时再进行授粉；或在下雨前将预先制作好的不透水塑料管或麦管（长2—3cm，一端密封）套在母本柱头上，授粉前套管可防止因雨水冲刷母本柱头而影响花粉粒的黏附和萌发，授粉后套管可防止雨水将散落在母本柱头上的父本花粉冲掉。当气温达到35℃以上时，散粉、授精均会受到一定程度影响。制种期间若遇高温、干旱天气，可通过夜间灌水降温增湿，最好采用隔沟灌水或活水串灌，并维持3—5天。

去雄授粉工作8月15日结束，不能推迟。结束的当天下午先彻底拔除父本，次日要清除母本全部花蕾。以后每天检查，要求见花（含蕾、花和自交铃）就去，直到无花。

（五）去杂去劣

苗期根据幼苗长势、叶型、叶色等形态特征进行目测排杂；蕾期根据棉株性状、节间长短、叶片大小、叶型叶色、有毛无毛等特征严格去杂去劣；花铃期根据铃的形状、大小再进一步去杂。

（六）种子收获和保存

为确保杂交种子的成熟度，待棉铃正常吐絮并充分脱水后才能采收。种子棉采收在整个吐絮期一般要进行 2—3 次，根据棉花成熟度和气候条件，一般截止到 10 月 25 日，之后收获的籽棉不能作为种子棉。收购种子棉时要采取统一采摘、地头收购、分户取样、集中晾晒，严禁采收"笑口棉""僵瓣棉"。不同级别的种子棉要分收、分晒、分轧、分藏，各项工作均由专人负责，严防发生机械混杂。

二、雄性不育系制种

雄性不育系制种方法包括利用质核互作雄性不育系的"三系法"和利用核雄性不育系的"两系法"。"三系法"目前还存在一些问题，如恢复系的育性能力低、得到的杂交种子少、不易找到强优势组合、传粉媒介不易解决等，因此目前应用较少。"两系法"即利用核不育基因控制的雄性不育系制种。我国研究和应用最多的是"洞 A"隐性核不育系及其转育衍生的不育系。在制种过程中，"洞 A"一系两用，与杂合可育株杂交，其后代产生不育株和可育株各一半：不育株用作不育系；可育株用作保持系，与恢复系杂交配制杂交种。此法在制种过程中需要拔除 50% 的可育株，影响制种产量和成本。目前，利用"洞 A"不育系配制了川杂 1—6 号等多个优良杂交组合，使"两系法"制种得到推广。

雄性不育系制种技术操作步骤如下：

第一步，隔离区的选择。与人工制种法选择隔离区标准相同。

第二步，播种。由于在开花前要拔除母本行中 50% 左右的可育株，因此就中等肥力水平而言，母本的留苗密度应控制在 75 000 株/hm² 左右，父本的留苗密度为 37 500—45 000 株/hm²，父母本行比为 1∶5—8。为了方便人工辅助授粉操作，可采用宽窄行种植方式，宽行行距为 80—100cm，窄行行距为 60—70cm。行向最好是南北向，有利于提高制种产量。

第三步，拔除雄性可育株。可育株与不育株可通过花器加以识别。不育株的花一般表现为花药干瘪不开裂，内无花粉或花粉很少，花丝短，柱头明显高于花药；而可育株则花器正常。从始花期开始，逐日逐株对母本进行观察，拔除可育株，对不育株进行标记，直到把母本行中的可育株全部拔除为止。为了提早拔除可育株，可增大不育株的营养面积，使其充分生长发育，便于田间管理；可将育性识别鉴定工作提前到蕾期进行，即在开花前 1 周花蕾长到 1.5cm 时剥蕾识别。一般花蕾基部大，顶部尖，显得瘦长，手捏感觉顶部软而空；剥开花蕾可见柱头高，花丝短，花药中无花粉粒或只有极少数花粉粒，花药呈紫褐色，即为不育株。如果花蕾粗壮，顶部钝圆，手捏顶部感到硬，剥开花蕾可见柱头基本不高于花药或高出不明显，则为可育株，即可拔除。

第四步，人工辅助授粉。棉花绝大部分花在上午开放，晴朗的天气上午 8∶00 左右即会开放。当露水退后，即可在父本行（恢复系）中采集花粉或摘花，给不育株的花授粉。阴凉天气，可延长到下午3：00授粉。授粉时，可将父本的花粉搜集到容器内，用毛笔蘸取花粉，涂授在母本花的柱头上；也可摘下父本花朵，直接在不育株花的柱头上涂抹。一朵父本可育花可授8—9朵母本不育花。授粉时要注意使母本柱头均匀接受花粉，以免出现歪铃。为了保证杂交种的成熟度，在8月中旬应结束授粉工作。

第五步，种子收获和保存。同人工去雄制种法。

第六步，"两用系"亲本的繁殖。

1. "两用系"原种生产技术

可采用二圃制的方法生产"两用系"原种。在隔离条件下，将"两用系"种子分行种植。以拔除可育株的行作为母本行，以拔除不育株的行作为父本行，选择农艺性状和育性典型的可育株和不育株授粉，以单株为单位对入选的不育株分别收花、考种、轧花，决选的单株下一年种成株行。将其中农艺性状和育性典型的株行分别进行株行内可育株和不育株的姊妹交，然后按株行收获不育株，考种后将全部入选株行不育株的种子混合在一起，即为"两用系"原种，供进一步繁殖"两用系"使用。

2. "两用系"大田用种生产技术

将"两用系"原种分行种植，以拔除可育株的行作为母本行，母本和父本的行比一般为4—6∶1，利用父本行的花粉自由授粉或人工辅助授粉，母本行收获的种子即为"两用系"大田用种，供制种田（大田）使用。

知识拓展

棉花栽培技术

项目小结

本项目学习了棉花的原种、大田用种生产技术，完成了种子田去杂去劣技能训练。

通过本节学习，将棉花原种、大田用种种子生产的技术环节联系起来，并利用所学知识和技能解决种子生产上的问题，能制定出种子生产技术规程和指导种子生产，实现种子生产的高产、高效、低消耗和生态环境友好。

复习思考题

1. 棉花三圃制原种生产技术。

2. 棉花二圃制原种生产技术。

3. 棉花一圃制原种生产技术。

4. 棉花自交混繁法原种生产技术。

5. 棉花种子田去杂去劣技术。

6. 棉花大田用种生产技术。

7. 棉花高产栽培技术。

项目六 大豆种子生产技术

学习目标

知识目标

大豆三圃制原种生产技术；大豆大田用种生产技术。

能力目标

熟悉大豆种子生产技术路线；掌握大豆原种生产中典型单株（穗）的选择和室内考种技术；掌握大豆原种、大田用种生产技术操作规程的制订和操作技术。

情感目标

增强种子质量安全责任感；具有团结协作、沟通协调能力。

知识准备

大豆生物学特性

任务一 大豆原种生产技术

我国《大豆原种生产技术操作规程》（GB/T 17318—2011）规定大豆原种生产采用单株选择、分系比较和混系繁殖，即采用株行圃、株系圃、原种圃组成的三圃制，或株行圃、原种圃组成的两圃制，或利用育种家种子直接生产原种。

除了上述规程规定的大豆原种生产技术外，在我国种子生产实践中还衍生出许多大豆原种生产技术，在实际工作中可以根据原始种子的来源、纯度和具体生产条件灵活选用。

95

一、三圃制生产原种

(一) 单株选择

1. 单株选择的材料

来源于本地或外地的原种圃、决选的株系圃、种子繁殖田。也可专门设置单株选择圃，进行稀条播种植，以供选择。

2. 单株选择的重点

生育期、株型、叶型、抗逆性等主要农艺性状，并须具备原品种的典型性和丰产性。

3. 田间选择

分花期和成熟期两个时期进行。花期根据开花期、花色、叶型、株型、株高、抗病性等进行初选，做好标记。成熟期对初选的单株再根据株高、成熟度、结荚习性、株型、荚型、荚熟色、抗病性、抗逆性和成熟期等进行复选。

4. 选择数量

根据所建株行圃的面积而定，一般每公顷需要 6 000 个株行或 7 500 个株行。田间初选时应考虑到复选、决选和其他损失，适当留有余地。

5. 选择单株的收获

将入选单株连根拔起，每株分别编号，系上 2 个标签，注明品种名称、收获日期。

6. 室内决选

室内对入选单株进行决选，重点考查株型、粒型、粒色、粒质、脐色、粒重、抗病性等项目，保留与原品种各个性状相符的丰产的典型单株，分别脱粒、编号、装袋保存。

(二) 株行圃

1. 建圃

将室内考种入选的单株的种子在同一条件下按单株分行种植，建立株行圃。

2. 田间种植方法

播种采用单粒点播；或每穴 2—3 粒播种留一苗。株行长度要一致，行长为 5—10m，行距为 40—60cm，株距为 15—20cm，应比大田稍稀。按行长划排，排间及四周留 50—60cm 宽的田间走道。每隔 19 或 49 个株行设一对照，四周设保护行和 25m 以上的隔离区。对照和保护区均采用同一品种的原种。播前绘制好田间种植图，按图种植，编号插牌，严防错乱。

3. 田间观察记载、鉴定、选择

在整个生育期，固定专人按照统一标准进行田间观察记载、鉴定、选择。

生育期间，在幼苗阶段、开花阶段、成熟阶段分别与对照进行鉴定选择，并做标记。收获前综合评价，选优去劣。对入选株行中的劣株，也要及时拔除。大豆株行鉴定时期和依据性状参阅表2.6-1。

表2.6-1 大豆株行鉴定时期和依据性状

鉴定时期	依据性状
苗期	鉴定幼苗生长习性、叶色、幼茎颜色、生长势、抗病性、耐旱性、耐涝性、耐盐性等。
花期	鉴定株型、花期、叶型、叶色、茸毛色、花色和抗病性等。
成熟期	鉴定株高、成熟度、株型、整齐度、结荚习性、茸毛色、荚型、荚熟色、抗病性、抗倒伏性、成熟期等。对不同的时期发生的病虫害、倒伏等要记明程度和原因。

4. 田间收获、室内决选

通过鉴定，分别收获符合原品种典型性的植株，挂牌，注明株行号。室内考种，进一步考查粒型、粒色、粒质、脐色、籽粒大小、整齐度、病虫害、光泽等项目，符合原品种典型性状的分别称重，作为决定取舍的参考。决选的株行分别脱粒、装袋、编号、保管，下一年种株系圃。袋内外各附一个标签，并根据田间排列号码按顺序挂藏。

（三）株系圃

1. 建圃

经室内考种当选的株行种子，按株行分别种植，建立株系圃。

2. 种植方法

每个株行的种子播一小区，面积和行数依种子量而定。各株系行长和行数应一致。播种方法采用等播量、等行距单粒点播，或2—3粒播种留一苗。每隔19或49个株系行设一对照。其他要求同株行圃。

3. 田间观察记载、鉴定、选择

田间观察记载、鉴定、选择同株行圃，同时应从严掌握典型性状符合要求的株系。若小区出现杂株时，该小区淘汰。当选的株系分区核产，产量不应低于邻近对照，同时应注意各小区间产量的一致性。

4. 收获

先将淘汰小区清除，然后对入选株系分别取样考种，考查项目同株行圃。室内决选后最终当选的株系可以混合脱粒、装袋、保存。袋内外各附一个标签，妥善贮藏。

（四）原种圃

将当选株系的种子混合稀播于原种圃，进行扩大繁殖。一般行距的50—60cm，比大田稍稀。在开花阶段和成熟阶段分别进行纯度鉴定，严格拔除杂株、弱株并携出田外，一般进行2—3次，同时严防生物学混杂和机械混杂。原种圃收获的种子，经种子检验符合原种标准的，即为原种。

二、二圃制生产原种

采用两圃制生产原种，只省略株系圃，其他方法同三圃制，即直接将经室内考种决选的株行种子混合稀播于原种圃，进行扩大繁殖。

三、用育种家种子生产原种

用育种家种子生产原种，可直接稀播于原种圃，进行扩大繁殖。一圃制是快速生产原种的方法，其生产程序可以概括为单粒点播、分株鉴定、整株去杂、混合收获。具体措施：选择土壤肥沃、地力均匀、排灌方便、栽培条件好的田块；精细整地、施足底肥、防治地下害虫；人工或使用精量点播机点播，适时早播、足墒下种；加强田间管理，在幼苗阶段、开花阶段、成熟阶段根据本品种的典型性状进行分株鉴定、整株去杂；最后混合收获的种子即为原种。

任务二　大豆大田用种生产技术

原种数量有限，不能直接满足大田用种的需要，必须进一步扩大繁殖，生产大豆大田用种。具体操作步骤如下：

一、种子田的选择、面积和隔离

（一）种子田的选择

选择地势平坦、土壤肥沃、土质良好、排灌方便、交通便利的地块。合理规划，同一品种尽量连片种植、规模化生产。合理轮作，禁止在去年发生胞囊线虫病、根结线虫病等病害的大豆田上生产种子。

（二）种子田的面积

应根据大豆种子的计划生产量来决定，与播种量、种子产量等因素有关。

（三）种子田的隔离

大豆为自花授粉作物，天然异交率为0.5%—1%，不易造成天然杂交。利用山丘、树林、高秆作物等自然屏障进行隔离更好。

二、种子田的栽培管理

种子准备。搞好大豆种子的清选、晒种及其他处理工作。

严把播种关。精细整地，合理施肥，适时播种，确保苗早、全、齐、匀、壮。更换不同品种时要严格清仓，防止机械混杂。

加强田间管理。根据大豆生长情况合理施用肥水，搞好化控，加强病虫害防治。

严格去杂去劣。在种子田，将非本品种或异型的植株去除叫去杂；将本品种生长发育不正常或遭受病虫害的植株去除称为去劣。在整个生育期，应多次严格去杂去劣，确保种子纯度。

严防机械混杂。大豆种子生产中最大的问题就是机械混杂，因此须从播种、收获、脱粒、运输、加工、贮藏等各个环节认真把握，严防机械混杂。

安全贮藏。收获、入库、贮藏过程中要防止机械混杂。贮藏时，大豆种子含水量应在13%以下，种子温度不应超过25℃，还应注意防止虫蛀、霉变、混杂以及鼠、雀等危害。

知识拓展

大豆栽培技术

项目小结

本项目学习了大豆的原种、大田用种生产技术，完成了种子田去杂去劣技能训练。

通过本节学习，将大豆原种、大田用种种子生产的技术环节联系起来，并利用所学知识和技能解决种子生产上的问题，能制定出种子生产技术规程和指导种子生产，实现种子生产的高产、高效、低消耗和生态环境友好。

复习思考题

1. 大豆三圃制原种生产技术。
2. 大豆二圃制原种生产技术。
3. 大豆一圃制原种生产技术。
4. 大豆种子田去杂去劣技术。
5. 大豆大田用种生产技术。
6. 大豆高产栽培技术。

项目七 油菜种子生产技术

学习目标

知识目标

油菜常规种子三圃制原种生产技术；油菜常规种子大田用种生产技术。

能力目标

熟悉油菜常规种子生产技术路线和方法；掌握油菜杂交方法；掌握油菜常规种子田去杂去劣技术。

情感目标

增强种子质量安全责任感；具有团结协作、协调沟通能力。

知识准备

油菜生物学特性

任务一　油菜常规品种原种生产技术

油菜原种繁育可以采用三圃制：单株选择、株行比较、株系比较、混系繁殖。

一、三圃制生产原种

（一）单株选择

1. 单株选择的材料

来源于本地或外地的原种圃、决选的株系圃、种子繁殖田。也可专门设置单株选择圃，进行稀条播种植，以供选择。

2. 单株选择的重点

生育期、株型、叶型、抗逆性等主要农艺性状，并须具备原品种的典型性和丰产性。

3. 田间选择

一般可分三次进行：第一次在苗期，要根据叶型、叶色、蜡粉厚薄、心叶色泽、刺毛有无、缺刻形态、叶柄长短和苗的生长习性等性状进行苗选，选择符合原品种的典型植株，并插上标杆；第二次在初花期，根据株高、茎色、花序长度和初花期的相对一致性，从苗选当选的植株中再进行花选，选出具有原始品种典型性状的优株，在主花序基部扎上醒目的布条或色线，凡当选的优株应在未开花的花序上套袋自交留种，作为来年株系圃田的种子；第三次在成熟期，于收获前或收获时，从花选当选的植株中，根据株高、茎粗、分枝习性、分枝部位、果枝长短、结果密度、角果形态和长度等性状的相对一致性进行果选，选出具有原始品种典型性状的优良单株。

4. 选择数量

精选单株或主花序。根据所选择品种的特点，选择植株健壮、丰产性好、抗逆性强、生育期一致、角果发育良好、粒大饱满的典型优良单株或主花序。一般田间预选300—500 株，然后在室内考种时决选150—200 株。

5. 选择单株的收获

将入选单株连根拔起，装入网袋。每株分别编号，系上 2 个标签，注明品种名称、收获日期。

6. 室内决选

收获后，将当选单株在室内考种，根据株高、分枝部位、第一次有效分枝数、主花序长度和角果数、单株产量、种子千粒重和成熟度等进行决选。主花序在考种时留中、下部果序上的种子，保留与原品种各个性状相符的丰产的典型单株，分别脱粒、编号、装袋保存。

（二）株行圃

1. 建圃

经室内考种入选的单株的种子，在同一条件下按单株分行种植，建立株行圃。

2. 田间种植方法

把当选的优株或优株的主花序的套袋自交种子，在株行圃内分株植成行，条播，行长 3m，行距为 25—30cm，株距为 15—18cm，每 10 行用本品种的原始种设一小区做对照。对照和保护区均采用同一品种的原种。播前绘制好田间种植图，按图种植，编号插牌，严防错乱。

3. 田间观察记载、鉴定、选择

在生育期间应进行系统的观察和分期比较鉴定。苗期观察叶型、叶色、生长习性、生长势和生长整齐度等。抽薹现蕾期观察抽薹的迟早和整齐度以及主茎（苔）的色泽、苔高和整齐度。开花期观察初花期、盛花期和终花期的迟早和整齐度，花瓣的大小、颜色，定型植株的高度及其整齐度，主花序长度和着果密度，以及主花序上发育正常的角果形状、长度和着生状态；并鉴定其抗寒性、抗病性和耐湿性。成熟期观察主茎、角果果皮的变色和种子的成熟程度，并鉴定其抗倒伏性。凡在苗期、抽薹现蕾期鉴定选择中当选者，均应在开花前采用隔离措施，以防生物学混杂。

4. 田间收获、室内决选

通过鉴定，分别收获符合原品种典型性的植株，挂牌，注明株行号。室内考种，进一步考查粒型、粒色、粒质、脐色、籽粒大小、整齐度、病虫害、光泽等项目，符合原品种典型性状的分别称重，作为决定取舍的参考。决选的株行分别脱粒、装袋、编号、保管，下一年种株系圃。袋内外各附一个标签，并根据田间排列号码按顺序挂藏。

（三）株系圃

1. 建圃

经室内考种当选的株行种子，按株行分别种植，建立株系圃。

2. 种植方法

把当选的优株或优株的主花序的套袋自交种子，在株系圃内分株植成小区（株区），条播，每个小区 5—10 行，行长 3m，行距为 25—30cm，株距为 15—18cm，每 10 个小区用本品种的原始种设一小区做对照，绘制田间种植图。

3. 田间观察记载、鉴定、选择

在生育期间应进行系统的观察和分期比较鉴定。苗期观察叶型、叶色、生长习性、生长势和生长整齐度等。抽薹现蕾期观察抽薹的迟早和整齐度以及主茎（苔）的色泽、苔高和整齐度。开花期观察初花期、盛花期和终花期的迟早和整齐度，花瓣的大小、颜色，定型植株的高度及其整齐度，主花序长度和着果密度，以及主花序上发育正常的角果形状、长度和着生状态；并鉴定其抗寒性、抗病性和耐湿性。成熟期观察主茎、角果果皮的变色和种子的成熟程度，并鉴定其抗倒伏性。凡在苗期、抽薹现蕾期鉴定选择中当选者，均应在开花前采用隔离措施，以防生物学混杂。

4. 收获

先将淘汰小区清除，对入选株系分别取样考种，考查项目同株行圃。室内决选后最终当选株系可以混合脱粒、装袋、保存。袋内外各附一个标签，妥善贮藏。

（四）原种圃

将上一年决选株系混合种子种于原种圃，扩大繁殖。原种圃要求安全隔离、土壤肥沃、稀播繁殖，以提高繁殖系数。苗期根据苗叶和生长习性进行去杂去劣，抽薹期、初花期和终花期按薹高、薹色、初花和终花的迟早、株高和角果等特征进行去杂去劣，确保品种纯度。要适时收获、单打单藏、严防机械混杂、防止霉变，保证种子质量。原种圃收获的种子即为原种。

常规油菜原种生产还可以省略株系圃，采用二圃制，将室内考种当选的种子直接混合稀播于原种圃，即单株选择、株行比较、混系繁殖。

任务二　油菜常规品种大田用种生产技术

一、合理选地，严格确定隔离条件

种植区要求地势平坦，土壤条件好，肥力均匀，隔离距离 2 000 米以上；要求前茬作物不能为油菜、马铃薯、蚕豆，忌连茬；要求精细整地，土壤平整疏松，利于出苗、根系发育和培育壮苗。

二、合理施肥

要施足基肥，增施苗肥。甘蓝型油菜亩施有机肥 3—5m³、尿素 10—12.5kg、磷酸二铵 12.5—15kg；4—5 片真叶时，结合浇水追施尿素 2.5—3kg；蕾薹期，每亩用尿素 0.5kg、磷酸二氢钾 0.1kg 兑水 30kg，叶面喷施 2—3 次。白菜型油菜亩施有机肥 2—3m³、尿素 5kg、磷酸二铵 6—8kg。

三、合理密植

要适时播种。甘蓝型油菜 3 月中下旬播种，分层施肥，条播或沟播，亩播量 0.25—0.5kg，播深为 2—3cm，行距为 25—30cm；播种时亩用尿素、磷酸二铵各 2.5kg、5% 甲拌磷 1.5kg 与种子混匀后条播或沟播，亩保苗 1.3 万—1.5 万株。白菜型油菜于 4 月下旬至 5 月上旬播种，条播或沟播，亩播量 0.5—1kg，播深为 2—3cm，行距为 25—30cm，亩保苗 5 万—6 万株。

四、田间管理

要早间苗、定苗。油菜长至 3—4 片真叶时，结合中耕除草进行间苗；长至 5—6 片真叶时，根据适宜的密度进行定苗。间苗要留壮减弱、留大减小、留匀减密、留纯间杂；中耕除草可以促进油菜苗根系发育，培育壮苗。要积极防治病虫害，播种时每亩用 5% 甲拌磷 1.5kg 与种子混合播种；出苗后，成虫盛发期每亩用 4.5% 氯氰菊酯 25mL 兑水 60kg 喷雾 2—3 次，防止黄条跳甲、茎象甲；蕾薹期，每亩用 25% 氧乐菊酯 20mL 或 4.5% 氯氰菊酯 25mL 兑水 60kg 喷雾，防治油菜露尾甲。在幼虫危害时，每亩用 80% 敌百虫 0.1kg 兑水 50kg 或用 48% 乐斯本 20mL 兑水 80kg 喷雾防治甘蓝夜蛾和菜青虫；每亩用 70% 托布津 0.05kg 或 25% 多菌灵 0.1kg 兑水 50kg 喷施植株中下部和地面，防治油菜菌核病。要及时灌水追肥，甘蓝型油菜结合间苗、追肥浇苗水，现蕾后浇灌蕾薹水、角果水；白菜型油菜每亩用尿素 0.5kg 加水 60kg 喷施，进行根外追肥 1—2 次。

五、严格田间去杂去劣

苗期根据苗型、叶型和生长习性进行去杂去劣，抽薹期、初花期和终花期按薹高、薹色、初花和终花的迟早、株高和角果等特征进行去杂去劣，确保品种纯度。

六、适时收获、及时打碾

全田 80% 角果呈黄绿色时进行收割；收获后及时打碾，防止发芽霉变，严防机械混杂，严格进行室内检验，确保种子质量。

七、种子检验和品质检验

种子精选入库后，按照《农作物种子检验规程》（GB/T 3543.1—3543.7—1995）进行抽样和检验。种子质量必须达到《经济作物种子 第 2 部分：油料类》GB 4407.2—2008 的要求，芥酸、硫苷含量必须达到《低芥酸低硫苷油菜种子》（NY 414—2000）的要求，这样才能作为大田用种。

任务三 油菜杂交制种技术

一、油菜杂交优势及其表现

两个遗传特性不同的亲本进行有性杂交，在生长势、抗逆性和产量性状等多方面优于双亲的现象，称为杂种优势。油菜杂交中的杂种优势主要表现为植株粗壮、根系发达、抗病性高、抗寒性强、产量高。

二、杂交油菜制种技术

油菜杂种优势的利用主要表现为采用细胞质雄性不育系三系法。不育系是指具有雄性不育性的品种和自交系；保持系是指给不育系授粉后，其杂交后代呈现不育性的品种和自交系；恢复系是指给不育系授粉后，能恢复其雄性繁育能力的品种和自交系。

（一）选好隔离区和制种田

选好地块：制种田必须选择海拔较高（2 200m 左右）、夏季气候凉爽、地块方整（长方或方形）、地力中上、地势平坦、有灌溉（或雨量充足）的地块。

隔离区：选择 2 000m 以上，同时 1—2 年内未种过油菜和十字花科植物的田块为好，这样既能满足油菜的生育特点，又能保证制种的隔离安全。

（二）培育壮苗

整地施肥：油菜种子小，顶土能力较弱，制种亲本特别是母本（不育系）顶土能力更弱；但同时，油菜植株高大，根系发达。这就要求精细整地，达到土壤深、细、碎、平、墒好地净；并且施足底肥，早施薹肥，一般亩施有机肥 3 000kg 或腐熟油渣 100kg，尿素 25kg，磷酸二铵 50kg，硼肥 1kg（油菜对硼肥敏感，缺之影响发育和结实）。

精量播种：杂交油菜的亲本（特别是母本）一般在严格封闭条件下繁殖，成本很高，精量播种可以节省种子、降低成本。应适时采用划行点播或精量机播，每亩播种量控制在 0.3kg（父本占 1/3、母本占 2/3），父母本行比为 2∶6，播深为 2—3cm，每亩密度 2.2 万—2.5 万株（拔除杂株后每亩不低于 2 万株）。为保证母本开花整齐，父本花粉充足，在计划密度范围内，母本稍稠、父本稍稀为好。为便于去杂防虫，行距为 25—30cm，株距为 10cm 左右。播种期可视当地气候条件，一般可在春麦播完或与春麦同时播种。

保苗促壮：苗全苗壮是保证制种产量的基础。要做到苗全，必须整好地、保好墒、选好种子，实施药剂拌种（或土内施药），创造种子出苗的良好条件，提高出苗率。出苗后要及时防虫和防土壤板结，并根据苗情移栽补苗（或催芽补种），早施追肥，及时间苗定苗，保证苗齐苗壮。

（三）制种田整地、施肥和移栽

1. 整地施肥

油菜种子小，顶土能力较弱，制种亲本特别是母本（不育系）顶土能力更弱；但同时，油菜植株高大，根系发达。这就要求精细整地，达到土壤深、细、碎、平、墒好地净；并且施足底肥，早施薹肥，一般亩施有机肥 3 000kg 或腐熟油渣 100kg，尿素 25kg，磷酸二铵 50kg，硼肥 1kg（油菜对硼肥敏感，缺之影响发育和结实）。

2. 移栽

移栽时期：北方地区要求 10 月 20 日前移栽完毕，南方地区一般在 10 月底移栽完毕。

移栽方式：父母本分栽，即先栽母本，后栽父本。父母本行比为 1∶2 或 1∶3，规范移栽。大规模制种地区，可以采用宽窄行移栽，即窄行栽父本，宽行栽母本。

合理密植：一般母本 12 万—15 万株/公顷，父本 3 万—6 万株/公顷。

移栽质量：适墒起苗，少伤根，带土移栽，浇足定根水。

（四）加强田间管理

及时补种补栽。

中耕松土追肥。第一次中耕宜浅，第二次宜深。结合中耕，追施苗肥。

灌水蓄墒。北方要浇好越冬水、返青水、扬花水，南方只灌越冬水。

培土防冻。10 月底—11 月初，结合中耕培土壅根，保护根茎，防止冻害。

春季病虫害防治。防治茎象甲、蚜虫、菜青虫和菌核病。

（五）调节花期，确保花期相遇

杂交制种的父母本因受各地自然条件（主要是光照、温度）的影响，生长发育速度快慢不一，导致花期不遇时有发生，此为制种授粉之大忌。调节花期相遇的主要措施：一是根据试验错期播种；二是摘心打薹（根据错期长短轻重不一），早抽早打、分次进行；父本可分行、分株进行，以延长花期，保证供应花粉。

（六）辅助授粉

人工辅助授粉。在初花期、盛花期，晴天上午 10：00—12：00 辅助授粉效果最好，每天进行 1—2 次，可以采用拉绳法、推杆法、喷雾器吹风法。

蜜蜂授粉。2 000—3 000m² 配置一箱蜂，在初花期放置，父本终花期及时搬走。

（七）严格去杂

为保证制种质量，去杂要过三关：苗期严格拔去异苗、弱苗和自生苗（野生苗）；花期拔除大花株、特异株（高大、杂色）、野生株等 3 次以上；收获前彻底拔除杂株和特异株（萝卜角果危害大，更要去净）。

（八）砍除父本

为提高制种产量和质量，当父本完成授粉而进入终花期后，应及时砍除，以改善母本通风透光和水肥供应条件，增加母本的千粒重，提高杂交种子的产量和质量；同时可以节省收获时的劳力，并防止收获及脱粒中的机械混杂。如果制种面积较小，又有较强的技术力量把关，也可以不砍，争取多收一点父本榨油，但收获前必须先收父本，待收净父本并运走后再收母本，以防混杂。

（九）收获脱粒

全田 70%—80% 的角果成熟时及时收获，但收前还必须彻底清除一遍杂株。母本运回后必须清场单放，4—5 天后拉晒脱粒，最好机脱或棒敲，勿施重滚碾压，以免压破籽粒（皮薄易碎）。脱离后的种子要及时晒干、簸净，种子含水量一般不超过 9% 时贮藏比较安全。

（十）提高杂交制种产量和质量的基本措施

一是规范制种程序。按杂交组合的习性制定切实可行的操作规程，认真培训，切实执行，千万不可省工大意。二是全程监控质量。从种到销都要专人检测质量，实行标准化管理，责任到人，奖罚分明。三是认真进行杂交种纯度（主要是恢复株率）测定。可以利用温室大棚，取有代表性的新种子，按大田种植方式分行种植，总株数不少于 500 株，两边分别加种 2—3 行亲本做对照，开花时统计杂株率（含不育株、混杂株、变异株等）；也可以计算新杂交种纯度，此方法需要一定设施，成本较高，但快速可靠，如本单位条件有限，可送科研单位代为鉴定。四是防止机械混杂。在运输、脱粒前清理运输工具、脱粒工具；父母本单收、单脱粒、单晒、单藏，并且加双标签。

种子精选入库后，按照《农作物种子检验规程》（GB/T 3543.1—3543.7—1995）进行抽样和检验。种子质量必须达到《经济作物种子　第 2 部分：油料类》（GB 4407.2—2008）的要求，芥酸、硫甙含量必须达到《低芥酸低硫苷油菜种子》（NY 414—2000）的要求。

项目小结

本项目学习了油菜的原种、大田用种生产技术和油菜杂交种制种技术，完成了种子田去杂去劣技能训练。

通过本节学习，将油菜原种、大田用种种子生产的技术环节联系起来，并利用所学知识和技能解决种子生产上的问题，能制定出种子生产技术规程和指导种子生产，实现种子生产的高产、高效、低消耗和生态环境友好。

掌握油菜高产栽培技术及病虫防治技术。

复习思考题

1. 常规油菜三圃制原种生产技术。

2. 常规油菜二圃制原种生产技术。

3. 常规油菜一圃制原种生产技术。

4. 常规油菜种子田去杂去劣技术。

5. 常规油菜大田用种生产技术。

6. 杂交油菜制种技术

7. 油菜高产栽培技术。

模块三　蔬菜种子生产技术

项目一　大白菜种子生产技术

学习目标

知识目标

大白菜原种生产技术；大白菜大田用种生产技术。

能力目标

熟悉大白菜种子生产技术路线；掌握大白菜种子生产方法。

情感目标

增强种子质量安全责任感；具有团结协作、协调沟通能力。

知识准备

大白菜生物学特性

任务一 大白菜常规品种原种生产技术

实操实验

学习目标		大白菜小株采种生产技术；大白菜成株采种生产技术；大白菜杂交制种技术。
材料 设备准备	材料	大白菜植株及种子。
	工具设备	挂图、课件。
实施过程		1. 调查市场；2. 收集资料。

理论渗透

大白菜常规品种是异质稳定的群体，其原种生产大多采用母系选择法进行提纯。具体做法：秋季在采种田或生产大田中，从莲座期到结球期进行认真观察，选择若干具有本品种典型性状的优良单株，加以标记。在采收前再复选一遍，淘汰表现不良或后期感病的植株，将复选选中的植株连根挖出，根上加以标记，置于窖中妥善保存。

第二年春季3月中下旬进行复选选中的种株的定植。定植之前1—2周将叶球切开，不同的球型用不同的切法，通常采用一刀切、两刀切、三刀切及环切等切法。切时注意不能伤及已开始伸长的茎和顶芽。切完菜头后，应将种株及时晾晒，使植株由休眠转化为活动生长状态，使叶片由白变绿，这有助于定植后的扎根，也可提高种株耐寒、耐旱能力。然后将种株定植在采种田或大棚内。如定植在采种田，则四周必须进行2 000m以上隔离，周围不得有任何其他十字花科品种植物种植。当种株开花后，让群体内种株间自然传粉，种子成熟后，各单株分别采收、脱粒、留种和保存。

第二年秋季，将各种株的种子分别种一个小区，建立母系圃。在各个生育时期进行观察比较，选出具有本品种特征特性的、系内株间无差异的、系间也基本表现一致的、抗病丰产的母系若干个，插杆标记。收获时将各中选的优良单株收在一起，总株数在200株以上，冬季窖藏。第三年春季，采用与上一年春季相同的方法切球、定植、栽培。采种田株间自然授粉，种子成熟后混合采种，即为原种。如果第一次母系选择后纯度仍不达要求时，可再连续进行1—2次母系选择，直到达到要求为止。

1. 病虫害防治

大白菜原种采种期间主要病害为软腐病、霜霉病和病毒病；主要虫害为菜青虫、小菜蛾、蚜虫和潜叶蝇等。

农业防治：轮作倒茬，多施有机肥，少施化肥，培育壮苗，加强田间管理。

物理防治：利用性诱剂、黄板、黑光灯、频振杀虫灯等诱杀害虫。

生物防治：利用天敌、苏云金杆菌等生物制剂防治病虫害。

化学防治：可用农用硫酸链霉素72%可湿性粉剂防治软腐病；百菌清70%可湿性粉剂防治霜霉病。可用吡虫啉、阿维菌素、辛硫磷防治蚜虫、菜青虫、小菜蛾等虫害。

2. 采收

在种株黄熟、籽粒变黑时采收。采收过早，秕粒多，产量低，质量差；采收过晚，种荚开裂落籽。

任务二 大白菜常规品种大田用种生产技术

试验实操

学习目标	大白菜大田用种生产技术；种子田去杂去劣技术；大田用种高产栽培技术。	
材料 设备准备	材料	大白菜植株及种子。
	工具设备	挂图、课件。
实施过程	1. 调查市场；2. 收集资料。	

理论渗透

一、利用标记性状杂交种质

生产商品用十字花科蔬菜，一般在苗期进行两次间苗，如果在苗期，在杂交种苗上有父本的一简单的质量性状能够导入到苗期表达，那么就称这一性状为标记性状。例如：用一个无毛系母本与一个多毛系父本杂交，在母本身上收获种子。出苗后有毛植株便是杂交种，留下；无毛植株仍然是母本品种株，在间苗时间除。这种制种方法最为简便。将两个亲本品种或自交系隔行种植在一个隔离区内，只要花期大体相遇，较好的组合杂交率在80%左右，在此田中用标记性状来淘汰非杂交种，可使杂交株占到90%。

二、利用自交不亲和系杂交制种

（一）自交不亲和系

所谓自交不亲和，是指同一植株正常的雌雄两性器官和配子，因受自交不亲和基因的控制，不能进行正常交配的特性；这种特性表现为自交或系内兄妹交不结实或结实极少。具有这种特性的品系叫作自交不亲和系。自交不亲和系广泛存在于十字花科的油菜、大白菜、甘蓝、萝卜中。

（二）自交不亲和的遗传原理

一般认为，自交不亲和性是由 S 复等位基因控制的。当花粉和柱头具有相同 S 基因时，在双方基因产物的相互作用下会产生某种物质，能够抑制花粉的发芽或花粉管的生长；当花粉和柱头的 S 基因不同时，则无此种物质产生。自交不亲和系的表现：在开花前的 1—4 天，在柱头表面形成一层由特异蛋白质构成的隔离层膜，它能够阻止自花花粉管进入柱头，却可让异品种的花粉进入。在杂交制种时，利用杂交不亲和系作为母本，可不用人工去雄，通过自然授粉得到父本的花粉即可受精结合，产生杂交种子。在杂交制种的组合选配上，如果正反交的配合力都较好，但父母都使用自交不亲和系，在父母本上收获的都是杂交种。

（三）自交不亲和系繁殖技术

蕾期剥蕾授粉法：指利用蕾期人工剥蕾、人工授粉来强迫植株自交，实现繁殖生产的方法。此方法操作时，因植株柱头表面还未形成特异蛋白质隔离层，因而可以通过人工授粉获得一定量的自交种子。此种种子种植后长成的植株仍然具有自交不亲和性。此法费工费时，成本较高，但质量可靠，适宜生产自交不亲和系原种。

花期盐水喷雾法：花期用 3%—5% 的盐水进行喷雾处理，可以提高自交结实率，其效果与剥蕾自交相当，但方法简便、成本低廉。

利用保持系繁殖自交不亲和系：从普通品种或自交不亲和系中筛选某自交不亲和系的保持系。例如，利用两个同源的自交不亲和系，可以互为保持系，不论正交、反交，保持作用相同。

运用自交不亲和系亲本原种生产技术，如果采用空间隔离方式，应在 2 000m 以内不能种植与大白菜发生天然杂交的其他品种和作物；也可以采用网室、套袋、大棚等方法进行机械隔离。利用蕾期剥蕾授粉自交法生产自交不亲和系原种时，应掌握以下几点：一是适龄蕾的选择。蕾期授粉时花蕾过大或过小都会结实不良。二是花粉选择。以开花当天或第 2 天的花粉结实率最高。三是授粉方法。用镊子轻轻剥开花蕾，露出柱头，然后用同系不同株上的已经采集和保存好的花粉涂抹柱头；剥蕾和授粉动作要轻，不要损伤柱头。

三、利用雄性不育两用系杂交制种

（一）大白菜雄性不育两用系

大白菜雄性不育是核基因控制的雄性不育，在生产上既可用其作为不育系充当母本进行杂交制种，也可用其作为保持系来保持不育的特性。在两用系的繁殖田，植株可通过自交来保持自身的不育的特性。

（二）两用系半不育系和种子生产

两用系控制的雄性不育性为半不育，即在由两用系的种子长出的群体植株中有 1/2 是可育株、1/2 是不育株时才有意义；可育株要随时淘汰掉。它的采种方法和隔离条件同自交不亲和系，但要注意在幼苗期、莲座期、结球期对种株进行严格的选择，同时严格监控两用系的不育株率，随时淘汰不育株率低于 50% 的系统。收获时，要收获不育株上的种子。

（三）制种技术

制种基本方法与使用自交不亲和系制种是相同的。技术要点：育苗时，母本两用系的苗数应为父本自交系苗数的 6—8 倍。定植时，父母本行比为 1∶3—4，母本的密度约为父本的 2 倍。因为母本行上会有 1/2 的可育株要被淘汰掉。从两用系母本开花期，及时拔除两用系的可育株，同时摘去不育株的主薹以作标记，并可使之延迟花期。一般情况下，不育株的花冠较小，花丝较短，花期也比可育株稍晚，这些都是可以作为区别二者的性状。正确的区分对于制种的质量具有十分重要的意义。待拔尽可育株后，要把父本株上已开的花或已结的果去掉，以保证父本身上收获的是自交系种子。收获的两用系不育株上的种子即为杂交种。父本身上所结的自交种子也可以作下一代的制种父本，但要注意每隔两年更换一次新的父本。

1. 种子质量检验

按照《瓜菜作物种子　第 2 部分：白菜类》（GB 16715.2—2010）规定的质量要求（纯度、净度、发芽率、水分）执行。

2. 种子保存

放置低温干燥处保存，严防保存过程中发生混杂和虫、鼠害。入库的种子要定期进行检查，以确保种子质量。

项目小结

本项目学习了大白菜的原种、大田用种生产技术，完成了种子田去杂去劣技能训练。

通过本节学习，将大白菜原种、大田用种的生产技术环节联系起来，并利用所学知识和技能解决种子生产上的问题，能制定出种子生产技术规程和指导种子生产，实现种子生产的高产、高效、低消耗和生态环境友好。

复习思考题

1. 大白菜原种生产技术。

2. 大白菜杂交制种生产技术。

3. 大白菜大田用种高产栽培技术。

项目二　黄瓜种子生产技术

学习目标

知识目标

黄瓜原种生产技术；黄瓜大田用种生产技术。

能力目标

熟悉黄瓜种子生产技术路线；掌握黄瓜种子生产方法。

情感目标

增强种子质量安全责任感；具有团结协作、协调沟通能力。

知识准备

黄瓜生物学特性

任务一　黄瓜杂交制种技术

实操实验

学习目标		黄瓜常规品种亲本选育的原则；黄瓜常规品种亲本选育的方法；黄瓜一代杂种制种技术。
材料 设备准备	材料	黄瓜植株及种子。
	工具设备	挂图、课件。
实施过程		1. 调查市场；2. 收集资料。

理论渗透

一、黄瓜常规品种选育的原则和方法

（一）黄瓜常规品种选育的一般原则

从优良品种中选育。选育的材料最好是生产上推广的优良品种，因为它们含有丰富的优良基因，产生优良变异的机会更多，可为选育提供良好的基础。

以主要性状为中心，注意综合性状的选择。选株时必须考虑主要性状，如在产量、品质、抗逆性等有关性状上，需要注意抓住重点、照顾全面。如在早春品种的选育上，早熟性是选择的重点，但若忽视产量、品质及抗逆性所选出的品种，就不可能在生产上推广应用。

栽培条件须优良一致，注重培育和选择相结合。供选育的材料必须种植在优良和一致的栽培条件下，以便使他们的优良特征特性得到充分的表现，使它们个体间的遗传差异得到真实的反应，这样才能确切地评价个体的优劣，准确地选出遗传性优良的单株。所以，越冬茬保护栽培的品种应该在冬暖型大棚内进行选育，早春茬在大棚栽培的品种则应在春用型大棚内选育。

（二）黄瓜常规品种选育的方法

单株选择法：从存有变异的原始群体中，选出符合育种目标要求的优良单株，进行人工自交、单株留种；下一代分别种成株系，各株系间进行比较鉴定，淘汰不良株系，选出优良株系。如果后代的性状优良一致，就可进行品系比较实验，不再进行单株选择。如果第一次入选单株的株系尚有分离，可从这些株系中再次进行单株选择，自交采种后分别再种成株系，如此反复进行，直到所需要的性状稳定为止。一般情况下3—5代后性状可基本稳定。

母系选择法：按照育种目标的要求，从优良品种的群体中选择优良单株，进行株间人工混合授粉、分株采种；下一代分别播在一个小区内，各自形成一个母系，并与对照品种进行比较，从中选出优良母系；然后在性状相近的母系中继续进行第二次母系选择和种植观察比较，直至中选母系整齐一致、符合育种目标要求为止。此法能保持后代较高的生活力。

改良混合选择法：混合选择法不能对每个单株后代的遗传基础进行鉴定，单株选择法则程序复杂，而改良混合选择法则可克服上两种选择方法的缺点，是上两种选择方法的结合。经过一两次混合选择后，可从混合群体中选择优良单株自交采种，分别种成株系，以便根据表现型进行基因型鉴定，淘汰不良株系；然后再把入选的优良株系混合采种，下一年再与对照品种进行比较，性状稳定后即可选育为新的优良品种。

常规品种的选育，除采用上述选择育种的方法外，还可先选配优良亲本杂交，使优良基因组合后再进行自交分离选择。这就是通常所说的杂交育种。

三、黄瓜杂交种的选育

（一）自交系的选育与杂交组合选配

1. 自交系的选育

黄瓜的自交系是指用同株的雌雄花，经人工授粉自交选择数代（4—6 代）后转入隔离区自由授粉，从而形成的经济性状相对整齐一致的稳定系统，它们的基因型基本上是纯合的。

用什么样的原始材料来选育自交系是十分重要的。一般是根据育种目标选用能适应当地气候特点和栽培条件，生长健壮、抗逆性强的优良品种、天然杂交种或人工杂交后代作为选育自交系的原始材料。

确定选育自交系的材料后，自交系选育的具体做法：第一年，从每份原始材料中，于第一雌花开花时选 10—15 株进行单株自交，一般留第二、三瓜做种。商品瓜成熟期进行初选，淘汰商品性、丰产性不良的个体；种瓜成熟期进行复选，再淘汰抗逆性差、长势弱的个体。在留下来的个体中，还要根据育种目标进行综合评定，每份材料最后入选单株不宜超过 10 株。

第二年，将上一年选留的单株，每种每株种植一小区即为一个株系。首先，根据生长表现，淘汰表现不良的株系，在入选的株系中，按上一年株选方法继续进行自交和选株。一般每个重选株系内可选 3—5 个优良单株。如此每年选系选株进行自交，直到中选株系的后代在瓜条抗性等主要性状上达到整齐一致、不再分离时为止。

2. 配合力测定与杂交组合的选配

基本方法有两种：一是全轮配法，指亲本自交系间相互杂交，配出所有可能的组合。这种方法适合自交系较少的情况。另一种方法是共同亲本法。如果自交系数目太多，用全轮配法工作量太大，则可用此法。它是指把自交系按不同性状分组，每组用两个以上自交系作为共同亲本，共同亲本的父母本均可与各组内所有自交系杂交形成不同的杂交组合，然后分别测算每个组合的一般配合力和特殊配合力，最终选出配合力好的自交系和杂交组合。

在实际育种工作中，杂交组合的配制往往结合配合力测定同时进行。在配合力测定中，优良组合即可作为中选组合，第二年再进行组合间比较试验。比较试验后入选的优良组合，还要经过区域试验、生产试验，最终通过审定的优良组合，会被作为杂种一代新品种推广应用。

（二）杂交种的制种方法

黄瓜杂交种的优势是很明显的，比一般品种可增加产量 20% 以上。由于黄瓜是异花授粉蔬菜作物，自然杂交率在 50% 以上。故大面积杂交制种须在隔离区内进行，通常隔离区要与其他品种种植区相距 500—1 000m。同时，杂交制种时还要及时去掉母本的雄花。

1. 人工交配法

一代品种的父母本按 1:5 的比例栽植。从初花期开始，每天下午选次日将开花的雌雄花蕾分别用细金属丝或细金属片扎花，第二天上午进行授粉。在有人工隔离网棚的条件下，可以省去扎花的手续。此法是一代杂种制种生产中应用最普遍的方法，用这种方法生产的杂交种质量可靠。

2. 利用雌性系制种

雌性系制种是指将优良组合的母本转化成雌性系，利用雌性系与父本自由杂交制种。这是大量生产黄瓜一代种子的有效途径。原则上，雌性系制种与一般的三系配套制种相似，但雌性系制种只需要有雌性系和恢复系即可，雌性系的保持是靠人工化学诱雄进行的。

利用雌性系制种，父母本隔行种植的比例为 1:3—4，具体比例视父本雄花量的多少而定。父本要提前 10 天左右种植，以保证母本开花时有大量的父本雄花。制种田间要有充足的蜂源，蜜蜂少时可人工放蜂或进行人工辅助授粉，以免授粉不良，造成瓜内无籽或少籽。

简单有效的雌性系化学诱雄方法：用 300ppm 硝酸银溶液喷洒少部分 3—4 片叶期幼苗（诱雄父本），隔 5 天再喷一次，雌性系（诱雄父本）即可出现雄花，并在隔离区内与未参与诱雄的雌性系（母本）按 1:3—4 行比自由授粉，最终从参与诱雄的雌性系（母本）上收的种子仍为雌性系，供继续配制杂种种子用。

利用两性系（父本）保持雌性系（母本）的原理是黄瓜性型遗传规律，它表明雌性型是两性型的显性，雌性型（母本）与两性型（父本）黄瓜交配，后代仍为雌性型。利用两性系的关键是用雌性系不断与两性系进行回交转育，使两性系除在性型方面与雌性系不同外，其主要性状均与雌性系一致，这样才能使其保持的雌性系配合力不变。

任务二　黄瓜大田用种生产技术

实操实验

学习目标	黄瓜大田用种生产技术；黄瓜种子田去杂去劣技术；黄瓜大田用种高产栽培技术。	
材料 设备准备	材料	黄瓜植株及种子。
	工具设备	挂图、课件。
实施过程	1. 调查市场；2. 收集资料。	

理论渗透

一、黄瓜品种的退化及防止

黄瓜是异花授粉作物，在无隔离采种条件下，很容易发生天然杂交，造成品种混杂，使许多由隐性基因控制的优良性状，如早熟性、抗病性，会因品种混杂而丧失；相反，由显性基因控制的某些不良性状在品种混杂后却很容易表现出来，如果皮的花瓣及黄条纹等。所以，混杂后的品种，其产量、质量、抗性会下降。防止品种混杂退化的措施有：

设置隔离区，原种繁殖要隔离 1 000m，生产用种繁殖需要隔离 500m 左右。

大田用种繁育的原则是，适合某一栽培季节的品种，最好在同样季节进行采种，以使各品种保持及加强对该季节的适应性，避免种性退化。但秋季采种种子产量低，保护地采种种子成本高，都不利于大量种子繁殖。因此，为保持品种的种性及原种或原原种的繁殖，凡原本应在秋季或保护地采种用于生产用种的繁殖，可移在春季进行。

二、黄瓜大田用种繁育

（一）常规品种的繁育

常规品种多采用二级繁育制度，原种繁育季节必须与该品种适应的栽培季节一致。

1. 种株选择

应选择具有本品种特性的健壮植株作为种株，早熟品种还要求第一雌花节位低、节成性强。

2. 搞好隔离，去杂去劣

为保证黄瓜品种的纯度，黄瓜繁育应隔离采种。生产用种一般在半径 500m 以上，无其他品种的自然隔离区内进行繁殖，任其自然授粉。同时，在种株生长过程中须分次去杂去劣，每次进行去杂去劣时，除淘汰生长衰弱的植株外，还应拔除田间出现的与该品种特征特性不一致的植株。剩余植株上的种瓜混合采种。

在雌花初现却未开放时，淘汰第一雌花节位过高的植株；若为早熟品种，凡是雌花节位在五节以上者均应及时拔除；对子房瘦小或发育不正常的植株也应进行拔除。

在第一瓜达到食用成熟时，淘汰瓜条性状不符合本品种特性、瓜条生长缓慢、坐瓜率低、化瓜比重高的植株和不符合本品种特征的种瓜。

采用选择优株人工混合授粉、混合采种的方法，在留种期、商品瓜成熟期，要严格选择符合本品种特征特性的植株挂牌标记。在种瓜成熟期，再对挂牌植株从抗病性、坐瓜率等方面进行第二次选择，淘汰表现不良的植株，中选株混合采种。成熟过晚与种瓜发育不良以及死秧的种瓜一律要淘汰。

3. 留种

以瓜条端正，比较肥大的果实留种。种瓜部位以第2—3果为好，根瓜及梢瓜常呈现畸形且果实较小、种子少，不宜留种。

（二）杂交种的繁育

杂交种制种最好采用三级繁育制度，对原原种应该严格选择，进行人工授粉，以保证亲本的高度纯合性。原种可在隔离区进行自然授粉，但应尽早拔除杂株。

（三）种子田栽培技术特点

春季采种时，凡不抗霜霉病、白粉病的品种，应适当早育苗、早定植，以便使种瓜在植株衰败前成熟。采种田种植密度一般为5 000株/亩左右，每株留1到3条种瓜，视植株生长势而定。授粉期间，如蜂源不足，要进行人工辅助授粉，否则种瓜内会出现无籽或少籽现象。种瓜达到商品成熟期后，适当控制浇水，促使种瓜及早成熟。

（四）种瓜的采收与脱粒

黄瓜果实达到生理成熟后才能采收种子，一般品种在授粉后35—45天达到生理成熟。种瓜（如图3.2-1）采收后放在通风干燥处后熟5—7天，以提高种子（如图3.2-2）的千粒重。

图 3.2 - 1　种瓜

图 3.2 - 2　种子

通常情况下，种子不易与果肉及包在外面的黏质膜分离，因此采种时应挖出种子，连同果肉一同置于非金属容器内，在 20—30℃ 条件下发酵，16—24 小时后将种子装入较密的尼龙袋内进行揉搓、水洗，使种子彻底与果肉分离，1—2 天后再进行漂洗。漂洗后的种子在阴凉通风处晾晒至含水量降到 8%—10%，然后风选，去除病虫粒、秕粒、瘦小粒种子。

项目小结

本项目学习了黄瓜的原种、大田用种生产技术，完成了种子田去杂去劣技能训练。

通过本节学习，将黄瓜原种、大田用种的生产技术环节联系起来，并利用所学知识和技能解决种子生产上的问题，能制定出种子生产技术规程和指导种子生产，实现种子生产的高产、高效、低消耗和生态环境友好。

复习思考题

1. 黄瓜杂交种子生产技术。
2. 黄瓜大田用种生产技术。
3. 黄瓜种子田去杂去劣技术。
4. 黄瓜大田用种高产栽培技术。

项目三 大葱种子生产技术

学习目标

知识目标

大葱原种生产技术；大葱大田用种生产技术。

能力目标

熟悉大葱种子生产技术路线；掌握大葱种子生产方法。

情感目标

增强种子质量安全责任感；具有团结协作、协调沟通能力。

知识准备

大葱生物学特性

任务一 大葱原种生产技术

实操实验

学习目标	大葱原种生产技术；大葱大田用种一级、大田用种二级生产技术；大葱原种生产的采种技术。	
材料 设备准备	材料	大葱植株及种子。
	工具设备	挂图、课件。
实施过程	1. 调查市场；2. 收集资料。	

理论渗透

大葱种子生产采用三级繁育程序，即：

$$\boxed{\text{育种者种子}} \rightarrow \boxed{\text{原种}} \rightarrow \boxed{\text{大田用种一级}} \rightarrow \boxed{\text{大田用种二级}}$$

一、原种生产技术规程

（一）种子来源

育种者种子或原种。

（二）营养生长阶段的管理

从育苗到种株的收获，无论是作业时间还是田间管理、生态条件等，同商品大葱田完全一致。

（三）种株的选择

1. 种株选择的顺序和标准

种株的选择顺序：植株颜色、株高、葱白长度、葱白横径、叶身出孔距离、葱白上部的紧实度等。种株选择的标准：植株颜色深绿，株高 110cm 以上，无紫斑病、霜霉病、锈病等病害，葱白长 50cm 以上，葱白横径 3.5cm 以上，叶身出孔距离稍大，葱白上部比较紧实等。收获时初选，种株定植时再终选。

2. 种株的选择比例及群体大小

近几年，"辽葱一号"的一级原种种株选择比例一般都在 20% 左右，选留群体 3 000 株以上。

（四）种株的定植

种株的选择时间与商品葱收获期一致。种株可在选妥后立即定植，亦可经冬季贮藏、再选择，翌春定植。定植前要施足底肥。

（五）植株生殖生长阶段的管理

种株返青前将葱白上部剪掉 1/4—1/3，以利花薹抽生。土壤化冻后及时松土、放垄，提高地温。种株抽薹时起垄，抽薹后要拔除个别抽薹极早的单株。抽薹初期不要浇水，以防花薹徒长导致后期倒伏。如果花期天旱应及时浇水，有倒伏者要搭架。非隔离网棚内采种，隔离区应为 5 000m 以上，授粉昆虫少时应进行人工辅助授粉。隔离网棚内采种，隔离网的目数应在 30 目以上。在种株开花前严封网棚，防止棚外昆虫进入而带入非目标花粉；另外开花后棚内必须进行人工授粉，每天上午 9：00—10：00，用手掌内侧逐棵轻轻触摸花球，每天保证 1 次，直至花期结束。种株的虫害主要有蓟马、潜叶蝇、葱小蛾等，可用噻虫嗪等药剂在花前喷施 2—3 次进行防治。

（六）种子收获

大葱为球状花序，其上部小花与下部小花的开花期相差 15—20 天，因此花球上部的种子先熟。待上部种果开裂面积达 5 分硬币大小时即可收获整个种球，因为此时种球下部种子还没成熟，所以收获后的种球必须后熟，这样既可增加种子产量，又可增加发芽率。收获种球时应保留 10—15cm 的花茎。收获后的种球应放在通风阴凉干燥处后熟 10 天左右，最好放在离开地面的网布上，切记不要放在塑料上。对后熟过程中的种球，每天至少翻动一次，并取出落下的种子，将落下的种子清理后放在阴凉干燥处干燥，然后才可收藏。

二、大田用种一级生产技术规程

（一）种子来源

同原种。

（二）营养生长阶段的管理

同原种。

（三）采种的去劣

大田用种一级是用来繁殖生产用种的种子。如：某种苗公司每年需要"辽葱一号"大田用种一级 150—250kg。由于需种量较大，种株的选择方法是不用初选，合格的留下，不合格者拔掉，即采用直接去劣的方法。去劣的重点是淘汰分蘖株、矮株、细株及株型不合格、叶出孔距离小的植株、病株等；要求去劣比例在 40％ 左右，留下 60％ 的种株经培土、整理后就地越冬。

（四）种株生殖生长阶段的管理

同原种。

（五）隔离与授粉

大田用种一级生产一般在露地进行，必须保证 2 000m 以上的隔离区。根据我们的试验，独棵葱与分蘖葱的杂交后代均有分蘖株出现。因此，独棵大葱的繁种必须小心分蘖葱。在传粉媒介不足时，一定要进行人工辅助授粉，以提高种子产量。如有可能最好租蜂授粉，但遇大风天，蜜蜂不出巢，也必须人工补助授粉。

（六）种子收获

同原种。

任务二　大葱大田用种生产技术

实 操 实 验

学习目标		大葱大田用种生产技术；大葱种子田去杂去劣技术；大葱大田用种高产栽培技术。
材料 设备准备	材料	大葱植株及种子。
	工具设备	挂图、课件。
实施过程		1. 调查市场；2. 收集资料。

理 论 渗 透

一、大葱自交系选育及杂交组合选配

（一）选育大葱自交系的意义

大葱是典型的异花授粉作物，现在栽培的品种都是遗传组成混杂的群体。大葱自交后代也表现自交衰退，可通过连续选择、自交、选择，最终育成基因型纯合、表现整齐一致、性状优良的自交系。

（二）自交系选育方法

1. 自交系选择

在广泛收集原始材料的基础上，选出符合育种目标要求的若干品种；从中各入选10 个左右单株，各套袋人工自交 100 多朵花；种子成熟后分株收获，并分别播种形成自交株系（即 S1 代），每系种植 50—100 株。由于大葱自交后代会发生性状分离和生活力衰退，所以需要反复自交、筛选。经比较鉴定后，选出 S1 代中优良自交株系继续自交，播种后形成 S2 代。S2 代后，一般每系选留 5 株左右继续自交，并淘汰表现不良的自交株系。须如此连续进行 4—6 代的自交选择，直到获得主要园艺性状一致、生活力已基本稳定的优系作为育成的自交系。鉴定、选择的对象基本稳定，最好是成龄种株——成株。山东成株的栽培期是 10 月上旬或 3 月中旬播种育苗，6 月中下旬定植，11 月中旬长成产品器官——商品大葱，翌年定植种株，6 月上中旬收获种子。其生育期虽长，却可根据产品形成期的表现可靠地鉴定产量、假茎长和粗、株态、抗病性。为了加快选育速度，也可用半成株作为鉴定、选择的对象，即当 6 月上中旬种子收获后随即播种育苗，10 月中旬定植种株，翌年 6 月上中旬种子成熟。半成株的产品器官虽未充分长成，但在种株抽薹前产品器官"半长成"，其园艺性状基本现象，也能较可

靠地进行鉴定和选择。

2. 自交系繁殖

用成株在纱网棚内繁殖自交系原种种子，保存于低温干燥条件下，发芽率降至70%以前，仍用成株繁殖以更新原种种子。

用原种以半成株法在严格隔离条件下繁殖自交系种子。与异品种繁种田隔离距离应达2 000m以上。开花前应严格淘汰非典型株、罹病株、雄性不育株等杂劣株。如发现生物学混杂应选优复纯。

（三）优良杂交组合选配

1. 测配方法

大葱一代品种优劣决定于亲本性状组合和配合力。配合力需要经配合力测定或估算方可得知。

用于大葱雄性不育系及父本自交系的配合力估算的配组方法主要有分组轮配法和顶交法。分组轮配法是指以不育系作为母本组，自交系作为父本组，进行组间轮配。如：4个不育系和5个自交系可能配为20个组合，然后按配合力估算法分析亲本的一般配合力和特殊配合力，选出性状互补、优势显著的杂交组合。

顶交法是指以大葱品种作为测验者，分别与雄性不育系自交系配组，测定、分析一般配合力。如：4个雄性不育系、5个自交系，分别与一个测验品种配组，则配为9个组合，这较分组轮配法的组合数和工作量减少一半以上；再按配合力估算法分析，选出普通配合力好的亲本再行分组轮配，选出性状互补和特殊配合力好的组合。

2. 亲本选配原则

不同生态型的大葱配种育种。实践证明，不同生态型的亲本配种一代往往优势显著，因此可考虑用不同气候区的原产品种育成优系配组，如用我国内陆与沿海的原产品种优系配组等。

亲本优良性状互补，如：抗病与优质，优质与高产，抗某一病害与抗另一病害，长假茎与粗假茎配组等。

花期同步：始、盛、终花期一致的配组，可保证获得杂种一代种子的高产。

3. 测配时期

为了加快育种速度，不要等雄性不育系和自交系育成后再进行配合力测定，最好先对入选的优良地方品种或不育系、自交系选育的早代进行配合力和性状互补测配，以便使将来育成的重点选系具有较好的配合力。雄性不育系和自交系育成后再进行测配，并安排进行评比试验。

育成的大葱优良杂交组合还须申报参加区域试验和生产试验，经审定后再推广。

二、亲本系繁育及杂种一代制种

（一）雄性不育系及保持系的繁育

用成株繁育雄性不育系和保持系时应与其他品种相距 2 000m 以上。园田内可按 3—4:1 的行比定植不育系和保持系。该繁殖田的两侧栽植一行保持系。开沟定植行距为 65cm，株距为 4.5cm，每亩定植总株数 2.2 万株左右。始花后检查两系的可育性，严格淘汰不育系中的可育株和保持系中的不育株。种子成熟后，分期分系收获种子，不育系的少部分种子和保持系的全部种子用来继续繁殖不育系和保持系，不育系的大部分种子用于配置一代种子。由于不育系的园艺性状决定于保持系，所以对保持系的去杂去劣工作要求应更为严格。

（二）杂种一代制种

用半成株配制杂种一代种子，须在与其他品种相距 2 000m 以上的田块内，按 3—4:1 的行比栽植不育系和父本自交系。该制种田的两侧应栽植父本自交系。开沟定植，行距为 45cm，株距为 3.5cm，每亩栽植种株 4 万株左右。开花前去杂去劣，始花后淘汰不育系中的可育株。种子成熟后，分期分系收获。从不育系上收的种子是一代种子，应用于生产商品大葱，不能用其继续繁种。从父本自交系上收获的种子一般也不再用于制种，若有作为商品种子的价值，可作为一般大葱种子使用。

如果同一杂交组合的不育系和父本系，双亲花期不同步，可预先采取栽培措施调控花期或令父本系早于不育系开花。

图 3.3-1 成熟的大葱种

在花期，制种田应安排蜂箱放蜂，以增加传粉媒介、提高种子产量。当阴雨天或气温低时，传粉蜜蜂活动不足，应进行人工辅助授粉，方法是手戴白线手套，于上午 10：00 以后往复触摸父本系和不育系的花球，每天一次，直至蜜蜂充分活动时止。

（三）种子收获

大葱为球状花序，其上部小花与下部小花的开花期相差 15—20 天，因此花球上部的种子先熟。待上部种果开裂面积达 5 分硬币大小时即可收获整个种球，因为此时种球下部种子还没成熟，所以收获后的种球必须后熟，这样既可增加种子产量，又可增加发芽率。收获种球时应保留 10—15cm 的花茎，收获后的种球应放在通风阴凉干燥处后熟 10 天左右，最好放在离开地面的网布上，切记不要放在塑料上。对后熟过程中的种球，每天至少翻动一次，使其均匀干燥，避免在阳光下暴晒，以防止降低发芽率和生命力。采收时将花球连同 5—10cm 花茎剪下。并取出落下的种子，清理后放在阴凉干燥处干燥，然后才可收藏。

（四）种子脱粒

翻堆脱落的种子直接过筛、扬净。不开裂的蒴果，碾压脱粒，过筛、扬净。种子按繁殖户种植品种单收、单晒、单脱、单藏、单检，做好登记。

（五）种子精选

用种子风选机进行清选，去除秕粒和杂质。种子复晒至含水量在 8% 以下。

（六）种子贮藏

大量种子可用编织袋包装，分品种堆垛，堆下加垫仓板以利于通风，于冷库中贮存。少量种子可在干燥或 −20℃ 条件下保存。种子贮藏参照《农作物种子贮藏》（GB/T 7415—2008）执行。

项目小结

本项目学习了大葱原种、大田用种生产技术，完成了种子田去杂去劣技能训练。

通过本节学习，将大葱原种、大田用种的生产技术环节联系起来，并利用所学知识和技能解决种子生产上的问题，能制定出种子生产技术规程和指导种子生产，实现种子生产的高产、高效、低消耗和生态环境友好。

复习思考题

1. 大葱原种生产技术。
2. 大葱大田用种生产技术。
3. 大葱种子田去杂去劣技术。
4. 大葱大田用种高产栽培技术。

项目四　西红柿种子生产技术

学习目标

知识目标

西红柿原种生产技术；西红柿大田用种生产技术。

能力目标

掌握西红柿原种田去杂去劣技术；掌握西红柿杂交种制种技术。

情感目标

增强种子质量安全责任感；具有团结协作、协调沟通能力。

知识准备

西红柿生物学特性

任务一　西红柿常规品种原种生产技术

实操实验

学习目标	西红柿原种生产技术；西红柿原种田去杂去劣技术。	
材料 设备准备	材料	西红柿植株及种子。
	工具设备	挂图、课件、多媒体设备。
实施过程	1. 调查市场；2. 收集资料。	

理 论 渗 透

我国《西红柿原种生产技术操作规程》（GB/T 17317—2011）规定结球西红柿原种生产技术有两种：利用育种家种子直接生产原种；或采用单株选择的二圃制或三圃制选优提纯复壮法生产原种。

一、原种种子生产方法和程序

西红柿为自花授粉作物，常用选优提纯复壮法生产原种种子。其程序如下：

（一）单株选择

按照本品种的标准性状制定出具体的选择标准，通过田间选择，获得表现型符合本品种标准性状的大量植株，并在优良单株上选择优良单果，单株混合留种。

1. 选择地点

选择符合本品种标准性状的植株，最好在原种种子田中进行，无原种田时可以在大田用种种子生产田或纯度高的生产田中进行；若在生产田中进行，其种植面积不得少于 2 亩。

2. 选择时期和标准

在供选择的田块，通过对被选择群体生长发育全过程的系统观察，在西红柿性状表现的典型时期——始收期、盛果期、采收末期分 3 次进行选择，选择必须按照原品种标准性状进行。

始收期选择：主要针对叶型、叶色、株型、花序着生节位、花序间叶片数、花序类型、第一层果实和果肩颜色、果脐大小以及第一花序的花数、果数、始熟期等性状，选择符合原品种标准性状的单株 300 株或更多，并且挂牌标记。

盛果期选择：主要针对第二、第三层果（早熟品种）或第三、第四、第五层果（中晚熟品种）的坐果数、坐果率、单果重及果实的形状、大小、整齐度、抗裂性、果肉厚薄、心室数、可溶性固形物含量等性状进行选择，从始收期入选的植株中选择符合原品种标准性状的植株 50—100 株。入选植株用第二层、第三层果分株留种，编号。

采收末期选择：主要根据植株长势、抗病性、高温下坐果能力等进行选择，从盛果期所选植株中进一步选择优良植株 15—20 株。按单株留种，供下一年株行比较使用。

（二）株行比较

田间设计。将入选单株的种子，分株系播种育苗，适时栽培在株行比较圃中，每处理不设重复，四周设保护行。无限生长类型单秆整枝，高封顶品种留双秆一次整枝，矮封顶品种不整枝。每隔 5 个小区设一个对照，对照品种为本品种原种，如无原种，可用本品种的生产种或选优提纯前的原种。

选择标准。按照单株选择时的标准观察比较，鉴别各株行的典型性、一致性。淘汰性状表现与原品种差异明显的株行或株间整齐度差 5% 及以上的株行，淘汰病株行或产量低于对照品种的株行。

留种方法。当株行去杂去劣后，分株行混合留种，供下一年株系比较使用。

（三）株系比较

田间设计。在株系圃中分小区栽植各个入选株系及对照的幼苗，无限生长类型品种行距为 66cm，株距为 33cm；有限生长类型品种行距为 44cm，株距为 30cm。不同株系随机排列，每隔 5 个小区设一个对照，对照品种为本品种原种，如无原种，可用本品种的生产种或选优提纯前的原种。每处理重复 3 次，四周设保护行。小区株数不少于 60 株。

鉴定、选择与留种。按照单株选择时的项目、标准、方法，对各株系观察比较，同时鉴定各株系的纯度、前期产量、中后期产量。在性状表现的典型时期，按照单株选择时的项目、标准、方法，对各个株系群体进行观察比较、收获测产，最终选择符合本品种标准性状、株间高度一致、产量显著超过对照的优良株系若干。对性状表现相同或十分相似的株系，去杂去劣，混合收获、留种，即为本品种原原种种子，供下一年繁殖原种一代使用。

（四）混系繁殖

将入选株系的种子播种育苗，适时移栽到隔离区种植，周围 100—300m 范围内不得种植任何品种西红柿。经精细管理、去杂去劣，将第二、第三层果混合留种，即为本品种原种。以选优提纯前的原种或生产种为对照，鉴定所选原原种的生产能力和性状表现。如果确定达到国家规定的质量标准，则全田混合收获种株，混合留种，即为本品种原种种子。西红柿种子寿命长，原种可以一年大量繁殖，精细贮藏，分年使用。

二、原种种子生产的技术要点

西红柿采种多为春季露地栽培，因苗期生长缓慢，生产上多采用阳畦（冷床）、温室、电热线等保护设施进行育苗。现以阳畦为例：

（一）育苗

选择背风向阳、三年未种过茄科作物的地块，于结冻前做成阳畦。

1. 播种期

适时播种很重要。播种过早，苗龄过长，幼苗易老化；播种过迟，苗龄过短，营养物质积累少，幼苗不健壮。一般在定植前 70—80 天播种为宜。采种用西红柿的播期与定植时间，比鲜食西红柿推迟 5—7 天更合适（北京地区露地西红柿播种期为 1 月下旬—2 月中旬，定植期为 4 月中下旬）。

2. 浸种与催芽

为使种子发芽迅速、出苗整齐，需要浸种催芽。具体方法：先用清水浸泡种子2—3小时；再用10%的磷酸三钠溶液浸种15—20分钟，可除去附着在种子表面上的病毒；然后将浸后的种子用清水冲洗干净，再放入55℃左右的温水中不断搅动，待水温降到30℃停止搅动；停止搅动后再浸种3—4小时后取出；取出后用半湿的毛巾或纱布包好，放到28—30℃条件下催芽，且每天用冷水淘洗一次。2—3天后，幼芽长到1—2mm时即可播种。

播种时要选无风的中午前后进行，将种子撒播在畦面上，覆0.5—1cm厚的细土，播种密度以3m²播种子25g为宜，覆土后盖上玻璃窗或塑料薄膜保温保湿。

3. 苗期管理

播种后要控制床内温度，白天为25—30℃，夜间不低于15℃。苗出齐后注意通风换气，为防止幼苗徒长，要适当降温，白天为20—25℃，夜间为10—15℃。当幼苗出现2—3片真叶时，开始分苗，分苗密度为8—10cm见方。分苗后适当增温，白天为25—30℃，夜间为15℃左右。缓苗后逐渐降温，定植前一周时可以撤去覆盖物，以锻炼幼苗适应外界环境条件。苗床内要求土壤稍干、空气湿度低、光线充足。

（二）整地、施肥与定植

1. 整地做畦

整地与施肥：西红柿病害较多，忌连作，宜与茄科以外的蔬菜轮作，理想的前茬有豆类、瓜类、葱蒜类等。每亩施有机肥5 000kg左右作为底肥，增施磷钾肥有利于种子发育。

做畦：每亩均匀撒施腐熟捣细的土杂肥5 000kg、磷酸二铵15kg、复合肥20kg，耕翻耙平，做成1m宽的平畦；畦面拉平并设排水沟，以备定植。

2. 定植

西红柿是自花授粉作物，但仍有2%—4%的天然杂交率，因此原种田应与西红柿其他品种隔离100—300m，生产用种隔离50m。

3. 定植期和密度

采种西红柿定植以晚霜后较为安全。定植密度：早熟品种双干整枝亩栽4 500—5 000株；无限生长型中晚熟品种，单干整枝每亩3 500株左右。

（三）田间管理

1. 中耕、浇水与蹲苗。定植后立即浇水，经5—7天后浇缓苗水，之后及时中耕进入蹲苗阶段。到第一穗果座住并有核桃大小时，结束蹲苗，开始浇催果水，同时追肥，促进果实迅速膨大。以后每隔6—7天浇水一次，保持土壤湿润。

2. 追肥。结合催果水追施催果肥。以后分别在第一穗果开始采收，第二、三穗果膨大时期追肥 2—3 次。在果实生长期间，为促进果实和种子发育，用 1.5% 过磷酸钙或 0.3% 的磷酸二氢钾溶液进行叶面喷肥。

进入盛花期，结合浇水每亩可追施氮、磷、钾复合肥 15—20kg。此后供水要充足，收前开始减少浇水次数。

3. 整枝、打杈和摘心。旨在调整营养生长和生殖生长平衡，减少营养物质的消耗，促进果实发育。

定植缓苗后，待侧枝长到 10—12cm 长时开始整枝。自封顶类型品种，宜采用双干整枝，即在主干第一花序下部留一侧枝与主茎同时生长，将其他侧枝全部摘除；非自封顶类型品种宜采用单干整枝，即植株在生长过程中只留一个主干，摘去全部侧枝。当达预留果穗时，在花序上部留两片叶进行摘心，使养分集中到果实。

一般大中果型品种每花序留 3—4 个果，小果型品种每花序留 6—7 个果，摘去幼花、花序先端的幼蕾和僵果。

（四）去杂

在西红柿生长发育过程中，要分三个时期考察品种的典型性状，并及时拔除杂株和劣株。

第一时期：开花前期。考查植株开展度、生长势、生长型、叶型（裂叶、薯叶、平展、卷曲、颜色）和抗病性。

第二时期：坐果初期。考查生长习性、叶型、花序（着生节位、花序类型、花数）、第一穗果坐果率及整齐度、幼果特征（如颜色）等。

第三时期：第一穗果成熟期。考查生长势、抗病性、熟性、果实性状（坐果率、整齐度、大小、果形、颜色、一致性）等性状。

（五）收获与采种

1. 采收时期

西红柿果实成熟过程分五个时期：青熟期、转色期、半熟期、坚熟期（果面全部着色，但肉质较硬）、完熟期（果面全部着色，但果实变软，种子已充分发育成熟）。因此，采收的果实以完熟期最好，这种果实采后不需要后熟即可采种。若采收的果实未达完熟期，可后熟 2—3 天后采种，但种子质量差些。

西红柿是浆果，其采种方式有两种：人工采种和机械采种。

2. 种子混合物的处理方法

（1）发酵法：将容器内的浆液置于 20—35℃ 的条件下发酵 36—48 小时。在发酵过程中，不能加水和漏进雨水，也不要在阳光下曝晒，否则种子会变黑，会降低发芽率。当浆液表面覆盖一层白色菌膜时，发酵已好，应及时用清水漂洗（若浆液表面出现红、绿或黑色菌落时，则说明发酵过度，种子变褐，发芽率下降），一直到残渣等物除干净为止。

稀盐酸处理：将漂洗干净的种子放入纱布袋中，浸泡在 1% 的稀盐酸中 15 分钟，之后用清水漂洗 15 分钟，检测种子 pH 值为 2.4—2.8 时停止清水漂洗（方法：取 1g 种子放到 10mL 水中，浸泡 5 分钟，并不断晃动，然后测水溶液 pH 值）。这样可消杀种子表面的细菌性病菌，提高种子发芽率，种子色泽亦会变好。

（2）酸解法：当种子生产量很大时，浆液很多，可用盐酸酸解，配方为将 100mL 的工业用盐酸慢慢倒入 14kg 的浆液中，然后搅拌，使二者充分混合，混合 15—30 分钟，即可用清水漂洗。

此法优点：种子可当天提取和干燥，容器周转快，且与温度关系不大；种子色泽鲜亮，可完全避免因发酵不当而引起的种子变色，同时可以消除种传细菌性病害。

但有研究发现，盐酸会伤害果肉坚实品种的种子，对此类品种应避免使用此法。

（3）碳酸钠提取法：在温度较低地区，提取少量种子时可用此法。将浆液与等量的 10% 的碳酸钠溶液混合，在室温下放置 2 天后用清水冲洗。由于此法使种子变黑，故生产上不采用。育种家在提取少量育种材料和亲本种子时，可采用此法。

3. 种子干燥

清洗后的种子须立即进行干燥处理。可把种子放入纱网袋中，扎紧口，放入洗衣机中甩干 5 分钟，取出后将种子放在纱网筛上晾晒（切勿在水泥地或金属器皿中直接曝晒，以免烫伤种子）。

晾晒过程中要经常翻动、揉搓，防止种子结块。当种子含水量下降至 8% 时，即可清选分级，装袋备用。

任务二　西红柿大田用种生产技术

实操实验

学习目标	西红柿大田用种生产技术；西红柿大田用种田去杂去劣技术。	
材料 设备准备	材料	西红柿植株及种子。
	工具设备	挂图、课件。
实施过程	1. 调查市场；2. 收集资料。	

理论渗透

西红柿大田用种生产的技术要点

西红柿大田用种由原种或者原种一代、原种二代、原种三代繁殖得到，在栽培技术上与原种种子生产一致，也要进行种子生产田的选择、培育壮苗、定植、定植后的管理、种子收获等。

大田用种生产需要具有良好的隔离条件，生产用种至少也要隔离100m。

任务三 西红柿杂交制种技术

实操实验

学习目标	西红柿杂交制种技术；西红柿种子田去杂去劣技术；西红柿大田用种高产栽培技术。	
材料设备准备	材料	西红柿植株及种子。
	工具设备	挂图、课件。
实施过程	1. 调查市场；2. 收集资料。	

理论渗透

西红柿的杂种优势利用在我国已很普及，选用杂交种已成为西红柿高产、优质、抗病、稳产、早熟栽培的一项基本技术措施。西红柿杂交种具有明显的杂种优势，一般比亲本增产20%—40%，个别的可增产100%。

杂交种产量的增加主要靠其植株增加花序数目、每花序花数及坐果数。它早期产量增加更为明显，因而可使早熟栽培获得明显的经济效益。

杂交种的抗性比亲本强，对立枯病、线虫病等的抗性明显提高，而且抵抗不良气候条件的能力明显增强。如：西红柿杂种株在温度降低时不易落花；而一般品种落花率较高，有的高达70%。

西红柿制种在营养生长阶段上与大田相近。由于制种不追求赶早市，可在气温相对稳定后再行播种，以利苗全、苗壮。

西红柿制种基地与茄科作物空间隔离保持100m以上，以防混杂。

一、西红柿杂交种生产技术

（一）杂交种生产的途径和方式

西红柿杂交种生产的主要途径有三种：人工杂交制种、不去雄人工授粉制种和利用雄性不育两用系生产杂交种。其中人工杂交制种程序相对简单，所选配的优良组合多，生产的种子纯度高，是目前西红柿一代种子生产的基本途径。

西红柿杂交种生产的方式很多，主要有春夏露地栽培制种、中小棚制种、塑料大棚制种、日光温室制种、纱网隔离制种等。现以露地制种为例讲解。

（二）制种田的选择

土壤与地势。选择地势较高，通风与排水良好，耕层深厚，富含有机质的沙壤土、壤土为宜。

茬口。4 年以内未种过茄科作物。西红柿病害较多，最忌连作，特别应避免在有线虫、青枯病、立枯病、萎蔫病和病毒病的田地连作，并且必须与茄科以外的其他作物实行 3—5 年的轮作，否则必然造成人力难以挽回的减产。

灌溉。水源充足，灌溉方便。

自然灾害。历年无毁灭性灾害，如暴风、水涝、冰雹等。

制种田环境。与同类其他品种隔离 50m 以上，与马铃薯、烟草、桃树隔离 300m 以上。

（三）制种组织安排

组织形式。杂交种子生产应设立统一组织机构，制定杂交种子生产技术规程，统一技术标准，落实生产任务。生产单位根据任务落实地块、组织生产，严格执行技术规程，保证各项技术的实施，出现问题及时汇报整改。要采取任务、质量包干的办法，实行"村包到组、组包到人、人包到棵"，从定植开始到种子收获一包到底；还要设立种子质量、产量综合奖励指标，充分提高承包人的积极性和责任感。具体生产中，应每 7—10 人组成 1 个制种小组，设组长 1 人；要求组长具备熟练的制种技术，负责检查质量，以保证杂交纯度。制种田还应配备专业技术人员全面负责技术工作，及时进行田间管理和全面制种安排。

定产。不同品种单株结果数不同，以每人落实 500—700 株制种任务为宜。中小型品种以每株平均产果 25 个、单果平均结籽 60 粒、千粒重 3g 计算，每株可产籽 4.5g；再按每亩 3 500 株计，每亩可制种 15.75kg。

（四）亲本的栽培管理

1. 父本的管理

在制种实践中，极易产生制种早期花粉供应不足的问题。因此：①父本应比母本早播 10—15 天。②应加大父本移苗距离为 10cm × 10cm。③父本要及早定植，做成宽

1m 的平畦。④定植时应栽足够数量的父本株，定植密度为 4 000—4 500 株/亩，行株距为 50cm×（30—33）cm。⑤要将父本定植在小气候条件较好的地块，或前期进行短期塑料薄膜覆盖。⑥要加强父本田定植初期管理：缓苗后及时中耕保墒，可连续中耕 2—3 次，促进根系向纵深发展。⑦为了保证充足的花粉，对父本植株可不进行整枝，要任其生长，或只整枝一次，不插架。⑧制种开始前要及早采集花粉。

通过以上措施，能够保证制种早期有充足的花粉。

2. 母本的管理

一般母本田的面积为父本田的 3—5 倍。

（1）整地作畦。头年秋季翻耕土地，第二年春季整地画线做畦，可做成平畦或高畦。平畦宽 1.1 或 1.2m，长 5—10m；高畦垄面宽 75cm，高 10cm. 每畦栽两行，母本株不应定植在畦边，而且应使畦中两行相距 50cm，以便有较宽的作业道。株距依品种而异，一般为 30—40cm（见图 3.4-1），定植密度为 3 500 株/亩。

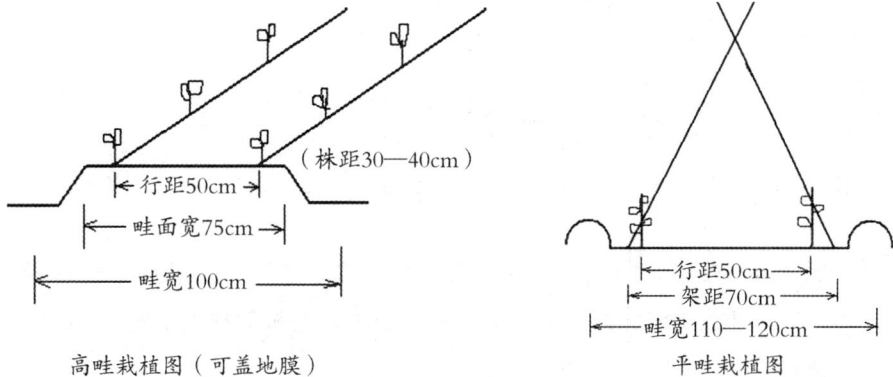

高畦栽植图（可盖地膜）　　　　　　　　平畦栽植图

图 3.4-1　整畦规格

（2）施肥。母本田比父本田多施肥。以施基肥为主，每亩施有机肥 5 000—7 500kg、三元复合肥 40kg。以追肥为辅（依植株生育状况而定），去雄前亩追施尿素 10kg，促进植株生长；制种结束前一周或结束时每亩追施尿素 20—25kg 或二铵 20kg，以促早期杂交果发育；第一批果实采收后每亩追施尿素 10kg，有利于植株后期生长，防早衰。

从定植到采收结束可喷 0.2% 的磷酸二氢钾 4—5 次，以增加千粒重。

施化肥时注意，应在距植株 10cm 左右处以半环状开沟施肥。对营养生长旺盛的植株应结合实际地力少施或不施氮肥，以免影响结果。

（3）浇水。定植时浇透水，以后主要是中耕保墒蹲苗。早熟自封顶类型的品种植株长势弱，蹲苗时间不宜过长；授粉期间可视土壤墒情适当浇水，保持土壤见干见湿，有利于提高结实率。切忌土壤忽干忽大水，否则易造成落花、落蕾、落果、裂果、脐腐病等；授粉期间如遇高温干燥和大风天气应适当浇水，提高空气湿度，防止柱头变褐而丧失接受花粉的能力。

（4）整枝。为了提高种子产量，杂交用的母本植株多采用多干整枝。在生产上常用三干整枝（即主干、一穗下、二穗下侧枝）和四干整枝（主干、一下、二下、一下下）。

整枝时不要吸烟，接触过病枝的手要用肥皂水洗净后再整枝。去雄授粉结束后，每侧枝要留适当数量的营养辅助枝，以防中后期营养叶片的不足；对丛生株要及时进行强行整枝，只留2—3个侧枝，多余侧枝全部去掉。

（5）插架。西红柿制种时母本要插"人"字架（见图3.4-2）。为了便于绑蔓，在架下离地面约30cm处绑一横杆，这样便于枝蔓均匀分散在架面上；架高应与品种相应，一般株高控制在50—80cm。

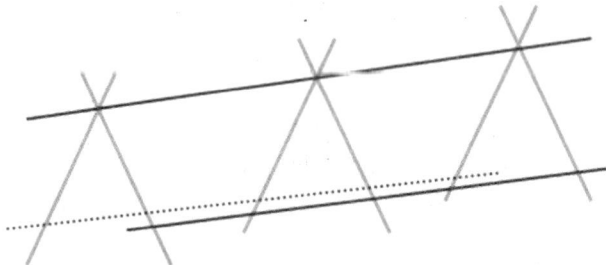

图3.4-2　西红柿插架示意图

架材应插在植株外侧，防止田间作业时踩伤根系；也有利于架内通风透光，减少病虫害发生。架材要耐雨淋，绑架要牢固，已用过的西红柿架材要消毒（用1%高锰酸钾溶液喷施架材）。

（6）绑蔓。植株长到25cm高时要绑蔓，宜采用"8"字形绑法，第一道绑在第一穗果下，不宜太紧，以免伤主茎。各枝干要分散开，利于去雄授粉，避免漏花。

（五）授粉

授粉日期。根据各地条件的差异，授粉适期不同。杂交时期主要根据当地的气候条件而定，要把西红柿人工杂交放在最适于开花、授粉、受精和结果的季节。一般在母本定植后20—25天开始人工去雄、授粉，这波操作大约需要25—28天，适宜的气温为15—28℃。

授粉具体时间。授粉以每天母本田露水干后开始为宜。晴天授粉时间控制在上午8：00—11：00、下午4：00—6：30。如果柱头未蔫最好次日重复授粉1次。

去雄具体时间。以早晨为佳，空气湿度大，花粉不易散出，有利于提高质量。

（六）制取花粉

1. 制种工具

工具为尖头镊子、授粉管、花粉干燥器、盛装花粉的容器、70%的酒精、晒种筛、电冰箱、甩干机等。

镊子：购置小型医用眼科镊子，要求尖端锐利，以方便去雄。

玻璃管授粉器：用 0.5cm 的细玻璃管吹制而成，灌装花粉，供授粉使用。

筛花粉用具：大小相等的小茶碗 2 个，十几枚硬币，细涤良布。

小玻璃瓶：用以装花粉。

干燥剂：可用变色硅酸，也可用氯化钙代替。

密闭铁盆：可用大茶盒代替，以便贮存装花粉的小玻璃瓶。

小铁桶：可用大罐头瓶代替，用以采摘父本花。

70% 的酒精棉球：为镊子或制种者手消毒备用。

2. 父本田管理及检查

父本田仅供花粉，不进行整枝，任其生长。根据品种特性，父本比母本提前定植 10 天，有利于花蕾充分发育。父本与母本面积比定为 1∶5。在授粉之前，必须对父本、母本进行彻底检查去杂，发现疑问植株，如高度、叶型或叶色不同者，应全部拔除。拔除原则是宁错拔勿漏拔（特别是父本田），严禁在父本田和母本田中混有杂株，否则一株混杂可造成不可挽回的损失。

3. 制取花粉

花粉要满足量大、纯净而有活力的要求，严把采集技术关是关键。采集花粉时，无论采用什么方法，都应选父本当天盛开的正常花朵——花瓣开至 180 度，花药鲜黄色（花粉量大，花粉生活力强），而且要在露水干后进行，最好上午采花（下午采花时已散粉，采粉量少），尤其以上午 10∶00 以后或阴天中午最好（此时花粉量多，质量好）。

（1）采摘父本花药。采摘当日即开的父本花，放入罐头瓶中，以备取出花药。人工采集父本花药：集中人力在父本田采摘适宜的父本花，放在小桶中（10 亩母本制种田约需 3—5 人采摘父本花），之后取出花药。

（2）花药干燥。新鲜花药含水量大，必须经过干燥处理才能使花药裂开、花粉散出。操作时，不能将花药放在温度高于 32℃ 的环境中，高温可使花粉老化和死亡。

自然干燥法：在自然条件下，将花药撒放在铺有纸张的筛子上，置于阴处，自然阴干 12—15 小时左右，即可干燥使用。

生石灰干燥器干燥法：用一个具有严密盖子的桶（纸桶、铁桶、塑料桶或大玻璃瓶均可），里面放上 2/3 的生石灰，生石灰上铺一层纸，纸上摊平花药，盖好盖子，使其密闭干燥。一般下午或傍晚放入，第二天早晨花药便干燥好了。在大面积生产杂交种子的情况下，制作简易干燥器是行之有效的办法，根据生石灰质量的不同，大约需要 10 天左右更换一次生石灰。

简易灯泡器干燥法：制作一个木箱，前面是玻璃门，里面放一层铁纱网，铺上纸，上面摊平花药，在离铁纱网 30cm 左右高度放一个通电点亮的 100 瓦灯泡将花药烤干。

热炕烙干：将花药平铺在纸上，放在热炕上烙干，但注意炕温不要太高，否则应将放花药的纸垫高。

烘箱干燥：将花药放在纸上放入烘箱中，烘箱温度调到 26—27℃，最高不超过 32℃，傍晚放入，第二天早晨即可筛粉。

上述干燥方法在生产中均可应用，但应注意，不能把花药放在高于 32℃ 条件下，高于 32℃ 花粉会老化或死亡。花药干燥时间不能超过 24 小时，否则花粉生活力变弱。

（3）提取花粉。花药干燥后，可用下列方法提取花粉。

机械振动取粉：用特制的振动筛或取粉机取粉。此法速度快，出粉多，花粉纯净，又可减轻劳力，便于大量制取花粉；若能配有微型粉碎机效果更加，一般一台取粉机由一人操作，便可供应百余亩地不同杂交组合所需的花粉。

人工筛取花粉：选用比较细的箩筛，箩底以铜网或尼龙纱为好，筛眼不宜过大，一般为 100—150 目即可（目数即一英寸长的筛孔数，1 英寸 = 2.54cm）。

手持电动采粉器采粉：用特制的手持电动采粉器，将其振动针插入父本的花药筒中振动取粉。此法不必将花朵摘下，可直接在植株上取粉，多数花朵尚能正常结果，但采粉量低。同时，父本株上结的果一旦作为商品出售，因西红柿商品果就是成熟种果，父本极易被他人掌握，因而少用此法。而且此法必须在药筒的尖端由鲜黄开始转暗时采集效果才较好。

其他人工取粉方法：取干燥状态下的雄蕊轻轻捣烂成几瓣，置于小茶碗中，并放入几枚硬币，上盖细涤良布；将另一空茶碗口对口盖在上面，使劲上下摇动两个闭合的小茶碗数分钟，用干净毛笔扫下器皿壁上的花粉，再用 150—200 目筛子过滤一遍，即为所用花粉。优质花粉为乳白色，如果花粉粗糙，质量低劣，会影响授粉率。

（4）花粉的贮存。若不能马上授粉，花粉制取后可装入小玻璃瓶中；将小玻璃瓶放入有干燥剂（硅胶）的干燥器内，盖好干燥器盖子；将干燥器放在 4—5℃ 冰箱中。此法可贮存花粉一个月，否则在常温下花粉只能保持 3—4 天的活力。

（七）去雄授粉

1. 去雄

适宜的去雄时间是花冠已露出萼片，雄蕊变黄绿色，花瓣微开或展开角度为 30°（渐开），次日即可开放的花蕾。蕾太大易自交，蕾太小不便操作。一般选择将在 3 天后开花的花蕾进行去雄，这时的花药呈绿黄色，可将花药全部摘除，同时将不良花、畸形花除去。

去雄时，以左手中指与无名指夹持花柄，拇指与食指夹持花蕾；右手持镊子，先将花冠轻轻扒开，再将镊子插入两个花药中间，将花药分成两半依次夹出。一个熟练工每天可去雄 1 000—1 500 个蕾。注意：不得碰伤柱头、花柱及子房，不得带下花瓣，且去雄要干净彻底，花药不得落在植株上，不要留尾花。

2. 授粉

授粉时期：去雄后的花朵只有授粉才能结果，因此在一天的工作中应优先保证授粉时间。一般上午露水干后 8：00 左右开始授粉，授粉适温 20—28℃，气温高于 28℃ 停止授粉；下午 2：00—3：00 以后再授粉，直到 5：00 为止。

生产上，为了提高单果种子产量，一是采用新鲜花粉授粉，二是进行二次授粉。特别是在制种初期，二次授粉可明显提高单果种子数，获得明显经济效益。此外，雨后必须重复授粉。

应对去雄后 1—2 天已达盛开的母本花朵进行授粉，此时雌蕊完全成熟，受精结实，结籽率高。花瓣黄白色、未展开为授粉早，制种初期易出现此现象；花瓣反卷为授粉晚。

授粉的方法：去雄后 1—2 天授粉，授粉时母本花必须全开，这时花瓣呈鲜黄色。授粉时以左手拇指与食指持花；右手拇指与食指持玻璃管授粉器，并以拇指压在玻璃管授粉器的授粉口上，以防花粉散去，同时用玻璃管授粉器将母本花萼去掉相邻 2 片，将母本柱头插入玻璃管授粉器的授粉口里，使花粉粘满柱头，完成授粉。

①橡皮头授粉：用橡皮头蘸取少量父本花粉授在母本去雄花朵的柱头上。

②手指授粉：将花粉撒在左手大拇指的指甲上授粉。

③蜂棒授粉：将牙签插入蜂头（晾干的蜜蜂），用胶水粘住做成蜂棒，蘸取花粉授粉。

④泡沫塑料棒授粉：将泡沫塑料剪成 4mm×4mm 的小方块，把牙签插入方块内，用胶水粘住，做成授粉棒。用此棒授粉，一次可点授十几朵母本花，不会碰伤柱头，且用粉量少、效果好，目前应用较广。

⑤玻璃管授粉器授粉：将干燥的花粉装入特制的玻璃管授粉器内。授粉时用右手拇指堵住授粉口，然后将授粉管甩一下，使花粉集中在授粉器前端。这时可用左手持花，将雌蕊柱头插进授粉口沾满花粉，完成授粉工作。在授粉前用右手的拇指与食指将母本花的花萼齐根去掉片，作为杂交果的标记。

3. 母本植株整理

杂交工作结束后，对母本田进行管理。将未去雄授粉的花和蕾全部去掉，摘除多余的腋芽，徒长枝，并在最上一个杂交果序以上留两片叶子并摘心。长势弱的品种可只去花蕾不去杈，以防日烧病发生。至于每个主枝和侧枝上留几个花序以及每个花序上留几朵花作杂交用，通常依品种而定。这样可保证养分集中供应杂交果发育。此项工作需反复进行多次，以保证制种结束后植株上不出现自交果。

授粉结束后，要拔除父本株。

（八）授粉结束后母本田去杂

授粉结束后，依果实是否有绿肩，果柄是否有结，是否自封顶，及果型、果色、心室数等性状，去掉杂株。

（九）种子收获

受精的子房受到刺激后，子房壁肥大发育成果实，子房里的胚珠发育成种子。受精的子房 4 天后逐渐肥大，7—10 天发育明显，30 天后迅速膨大，40—50 天果实着色成熟。

1. 去杂

清除田间杂株杂果。不能完全认定的母本杂株，待果实成熟后通过果型和果色则可认定，应及时拔除。应注意杂交标记，采收时必须检查每一果实是否缺少 2 个萼片，以确保品种纯度。

2. 种子加工

（1）取种发酵。果实采收后，后熟 1—2 天，挤出种子；种子周围有果肉和胶冻状黏液难以分离，须将种子置入缸中发酵。发酵须注意以下几个问题：①发酵用具：发酵时用缸，不用铁器。其他容器发酵易使种子颜色变黑。②注意防水：种子入缸之前，确保发酵缸干净无水。在发酵期间，缸盖用塑料布包盖严实，严防雨水进入。装缸不宜过满，离缸口保持 15—20cm 间距。③发酵时间：依发酵时温度高低，约为 1—2 天。搅动时发现种子迅速下沉，且失去黏滑感，并有明显的颗粒感触时，即结束发酵。

（2）清洗。清洗前漂出杂物和秕籽，剔除破损、异形种子，利用 1% 的盐酸处理 5—10 分钟，处理后的干种子 pH 值应为 2.3—3，这样不仅能防西红柿晚疫病、早疫病等多种病害，而且能防止种子烂芽病，且种子色泽好，发芽率提高 2%—3%。

（3）干燥。种子清洗处理后，立即进行干燥处理。种子含水量控制在 8%—9%，呈黄色时，即可收存。

种子产量：西红柿人工去雄杂交制种法种子产量依杂交组合、制种技术和生产地区不同而异。据报道，保加利亚为 11.4 千克/亩；美国、墨西哥和法国为 8—12 千克/亩；日本为 10 千克/亩，高的达 16.5 千克/亩（多在大棚中）；菲律宾为 6—7 千克/亩；毛里求斯为 1—1.33 千克/亩；埃及、南非为 4—5.3 千克/亩。

据多个种子繁育基地试验，西红柿种子增产潜力很大，只要认真操作，加强管理，亩产可稳达 10kg，最高可达 30kg 以上。

知识拓展

西红柿杂交制种

项目小结

本项目学习了西红柿的原种、大田用种生产技术、西红柿杂交种生产技术；完成了种子田去杂去劣技能训练。

通过本节学习，将西红柿原种、大田用种种子生产的技术环节联系起来，并利用所学知识和技能解决种子生产上的问题，能制定出种子生产技术规程和指导种子生产，实现种子生产的高产、高效、低消耗和生态环境友好。

复习思考题

1. 西红柿有哪几种类型有何特点？
2. 简述西红柿的开花结实习性。
3. 如何防治西红柿病虫害？
4. 简述日光温室早春茬西红柿栽培技术要点。
5. 简述西红柿栽培技术要点。
6. 西红柿的原种、大田用种生产技术。
7. 西红柿杂交种生产技术。

项目五 甘蓝种子生产技术

学习目标

知识目标

甘蓝原种生产技术；甘蓝大田用种生产技术。

能力目标

掌握甘蓝自交不亲和系繁殖技术；掌握甘蓝原种田去杂去劣技术；掌握甘蓝杂交种制种技术。

情感目标

具有安全生产意识，树立粮食安全意识。

知 识 准 备

甘蓝生物学特性

任务一　甘蓝常规品种原种生产技术

实 操 实 验

学习目标	甘蓝原种生产技术；甘蓝大田用种生产技术；甘蓝原种田去杂去劣技术。	
材料设备准备	材料	甘蓝植株及种子。
	工具设备	挂图、课件、多媒体设备。
实施过程	1. 调查市场；2. 收集资料。	

理论渗透

我国《瓜菜作物种子 第4部分：甘蓝类》（GB 16715.4—2010）规定，结球甘蓝原种生产技术有两种：采用单株选择、株系比较、混系繁殖的二圃制选优提纯法生产原种；或利用育种家种子直接生产原种。

一、原种生产方法和程序

甘蓝为异花授粉作物，常用的选优提纯方法有母系选择法、双株系统选择法、混合选择法，以母系选择法效果较好。其程序如下：

（一）单株选择

按照本品种的标准性状制定出具体的选择标准，通过秋季田间选择、冬季窖内选择和春季抽薹期选择，获得表现型符合本品种标准性状的大量植株。

1. 秋季田间选择

秋季设种株培育田，早熟品种稍晚播种，以防叶球在收获前开裂；晚熟品种稍提前播种，使叶球充实便于选择。田间管理措施同正常商品菜的生产。

在定植期和叶球成熟期分别选择和标记具有原品种典型性状、外叶较少、叶球大而紧实的无病标准植株200株，将中选叶球连根挖出栽到留种田、或阳畦假植、或窖藏过冬。

2. 冬季窖内选择

结合翻窖倒菜时选择，淘汰脱帮早、侧芽萌动早、裂球早和感病植株，剩余100株左右。

3. 春季抽薹期选择

第二年春天定植前，将球顶切成"十字"，以利花薹抽出。定植后及时拔除病株、弱株及抽薹过早、过迟的植株，最好剩余30株左右。在隔离条件下系内株间自然授粉，种子成熟后分株采收编号，供秋季株系比较之用。

（二）株系比较

秋季，将春季入选株的种子按株系播种，每株系播一小区，每小区50株，各株系顺序排列，每5个株系设一个对照，（对照为本品种选优提纯前的原种或生产种），周围设保护行，常规管理。在性状表现的典型时期，按照单株选择时项目、标准、方法，对各个株系群体的表现进行观察比较、收获测产，最终选择符合本品种标准性状、株间高度一致、产量显著超过对照的优良株系若干。对性状表现相同或十分相似的株系，去杂去劣，混合收获，窖藏，第二年春季混合留种，即为本品种原原种种子。

（三）混系繁殖

将入选株系的种子秋播，以选优提纯前的原种或生产种为对照，鉴定所选原原种的生产能力和性状表现。如果确定达到国家规定的质量标准，则全田混合收获种株，窖藏越冬后混合留种，即为本品种的原种种子。

二、成株采种法原种生产的技术要点

（一）秋季结球种株的培育

1. 整地做畦

每亩均匀撒施腐熟捣细的土杂肥 5 000kg、磷酸二铵 15kg、复合肥 20kg，耕翻耙平，做成 1m 宽的平畦，畦面拉平并设排水沟，以备定植。

2. 播种期和密度

留种田第一年的栽培管理与普通菜用栽培基本相同，但播种期稍晚，早熟品种在6—7 月播种，中晚熟品种在 7—8 月播种。到商品成熟期（一般早熟品种为 10 月份，中晚熟品种在 12 月至第二年 2 月），在田间对植株进行选择，选择生长正常、无病虫、外叶少、叶球紧实、中心柱短、外茎无侧芽萌发、球内无化芽、未抽薹、不裂球的符合本品种典型特征的植株留作种株。

3. 水肥管理

缓苗后浇一次大水，并根据地力和苗情长势，结合浇水每亩冲施尿素 15kg。抽薹前后要控制浇水，以免生长过旺。进入盛花期，结合浇水每亩可追施氮、磷、钾复合肥 15—20kg，此后供水要充足。收前开始减少浇水次数。

4. 选择和收获

据观察，茎生叶宽大的母株是营养生长性能强的营养型，其后代结球良好，茎生叶窄小的母株营养生长性能弱，其后代结球不良。

将挑选出的种株带土移栽到网室内或专门设置的隔离留种田。

（二）种株窖藏及越冬管理

阳畦假植。秋冬收获时，将入选的种株带根挖出，连同外叶一起结结实实地假植在阳畦之中，灌一次透水；此后除定植前灌第二次水外，整个假植期不再灌水。气温达到 0℃时盖草帘保温，0℃以上可以揭帘不盖，尽量见光，畦温保持在 1—4℃可以安全越冬。

窖藏。采收后先晾几天，在小雪前后视天气情况入窖。平时注意通风换气，使窖温保持在 1—2℃，相对湿度保持在 60%—70%，即可安全越冬。

（三）种株定植和田间管理

选择隔离区。不论采用何种方法，结球甘蓝的采种须具有良好的隔离条件，除结球甘蓝自身不同品种需要隔离外，它还要与其他甘蓝类作物如花椰花、青花菜、芥蓝、球茎甘蓝等以及甘蓝型油菜严格隔离。原种生产隔离距离要求在 2 000m 以上，生产用种至少也要隔离 1 000m。

定植时期。甘蓝结球种株的定植，在不遭受冻害的情况下愈早愈好。甘蓝种株生长旺盛，不可过密：露地栽培，行距为65cm；株距以品种而定，早熟品种30—33cm、中熟品种35—40cm、晚熟品种45—50cm。

（四）种子采收

7月上旬，大部分角果变黄后应及时收割，在晒场上晾晒至枯黄干燥后可以脱粒。收割、晾晒，尤其是脱粒时，注意防止机械混杂。

任务二　甘蓝大田用种生产技术

实操实验

学习目标		甘蓝大田用种生产技术；甘蓝大田用种田去杂去劣技术；甘蓝大田用种高产栽培技术。
材料 设备准备	材料	甘蓝植株及种子。
	工具设备	挂图、课件。
实施过程		1. 调查市场；2. 收集资料。

理论渗透

半成株采种法大田用种生产的技术要点

采用这种方法的播种期较成株采种法晚15—40天，它使种株在冬前长成半包心的松散叶球，于第二年春季采种。由于这种方法播种期较晚，种植密度更大，而且单位面积的种子产量相对较高，因此可降低种子生产成本；但由于此法运用中不能形成典型叶球，对种株无法进行严格选择，故仅适合繁殖一般生产用种时采用，并且必须与成株采种法结合使用，这样才能保证种子的质量。

不论采用何种方法，结球甘蓝的采种须具有良好的隔离条件，除结球甘蓝自身的不同品种需要隔离外，它还要与其他甘蓝类作物如花椰花、青花菜、芥蓝、球茎甘蓝等以及甘蓝型油菜严格隔离。原种生产隔离距离要求在2 000m以上，生产用种至少也要隔离1 000m。

另外，甘蓝种子采收要及时，因为其成熟后种荚会自然开裂，不能等到大部分角果变黄时才收获，一般待种株角果有1/3变黄时便可收获，收获的时间以上午10：00之前为宜。收获后应在晒场上后熟7—10天再脱粒。脱粒后的种子应及时晒干，然后装袋贮藏。种子产量因品种特性、栽培技术及环境条件不同而异，一般亩产可达 50kg 左右。

任务三　甘蓝杂交制种技术

实操实验

学习目标		甘蓝杂交制种技术；甘蓝种子田去杂去劣技术；甘蓝大田用种高产栽培技术。
材料 设备准备	材料	甘蓝植株及种子。
	工具设备	挂图、课件。
实施过程		1. 调查市场；2. 收集资料。

理论渗透

甘蓝杂交制种技术

甘蓝杂交种生产包括自交不亲和系的繁殖和杂交制种。甘蓝具自交不亲和特性，生产上利用自交不亲和系进行杂交制种。制种技术与常规种生产技术基本一致，主要区别在于自交不亲和系的繁殖。

由于自交不亲和系在开花期自交不结实或结实很少，必须采用人工蕾期剥蕾授粉或喷盐水诱导自交亲和的方法强迫其自交结实。甘蓝是雌雄同花的异花授粉作物，目前主要利用自交不亲和系来进行杂交制种。

（一）杂交亲本的繁殖

自交不亲和系亲本原种繁殖技术同其常规原种、大田用种的生产，采用蕾期人工授粉、花期隔离自然授粉的授粉方法。开花前 2—4 天的花蕾授粉最好，以开放花朵以上的第 5—20 个花蕾授粉结实率最高。

（二）杂交种子生产技术

甘蓝杂种一代种子的生产分为保护地生产和露地生产两种方式。保护地生产是在阳畦和日光温室等保护地内生产杂交一代种子，投资大，成本高，不能大面积制种，一般只用于双亲始花期差异过大，其他措施不能使之相遇的杂交一代种子生产，如"报春""双金""庆丰"等品种的种子生产。露地制种大面积进行，凡双亲始花期一致的品种如"京丰""晚丰""园春""秋丰"等，以及双亲始花期虽有差异，但是采用一般方法就能使之相遇的品种，如"中甘 11 号"等，都可以采用露地方式生产种子，以降低成本。

结球甘蓝杂交种子生产技术一般采用半成株法。

在北京地区，在用中熟或中晚熟品种自交不亲和系进行制种时，于 7 月下旬至 8 月上旬播种育苗；在用早熟或中早熟品种自交不亲和系制种时，可于 8 月上旬播种育苗。在河南、山东、陕西地区，中晚熟品种 8 月中下旬播种；早熟或中早熟品种于 8 月下旬至 9 月上旬播种。杂交种子生产的田间管理与一般留种田相同，经冬贮后，下年春定植、采种。露地定植时间为 3 月中旬，父母本一般按 1:1 的行比隔行栽植，应做好去杂去劣、适时切包、放蜂授粉及防止倒伏等工作。

结球甘蓝杂交种子生产中，隔离距离的要求同大白菜的种子生产。不论采用何种方法，结球甘蓝的采种须具有良好的隔离条件，除结球甘蓝自身的不同品种需要隔离外，还要与其他甘蓝类作物如花椰花、青花菜、芥蓝、球茎甘蓝等以及甘蓝型油菜严格隔离。原种生产隔离距离要求在 2 000m 以上，周围有自然屏障时，至少也要隔离 1 000m 以上。

1. 播种育苗

适期播种。据播期试验，9 月上旬双亲本分期播种。选择肥沃、排水良好的土壤，做成宽 1.2m，长 20m 的小高畦，畦四周设有排水沟；每畦撒施腐熟优质圈肥 200—250kg，磷酸二铵 2.5kg，浅抄刨 2—3 遍，使粪土充分拌匀，然后将畦面整细耙平。播种前浇透水，待水渗下后，畦面撒一层薄的细翻身土，将备好的种子掺上适量的细沙土拌匀，均匀地撒在畦中，然后盖上 0.5—1cm 厚的细盖土。

分苗。2—3 片真叶时可进行分苗移植。用同样的平畦，畦间留 60—70cm 的空地，以便于管理。每畦施入腐熟土杂肥 200—250kg、复合肥 2.5kg，施后抄刨 3—4 遍。在分苗床上先开小沟，浇适量水，把苗栽上埋平，并适当用手压实。

苗期管理。当畦面出现干旱时应及时浇水。整个苗期虫害较多，需要及时喷药防治。前期浇水后，要适时划锄，使土壤疏松。5—6 片真叶时视土壤肥力状况结合浇水冲施一次氮、磷、钾复合肥，每畦 2—3kg。

防治苗期病虫害。主要虫害为蚜虫、菜青虫、小菜蝶、跳甲等。

2. 越冬期管理

越冬前植株的大小是决定其能否承受低温作用、来年抽薹开花的关键。一般品种茎粗须达 0.7cm 以上，叶宽须达 5cm 以上，5—6℃的适温才能通过春化。正常情况下，越冬前（小雪）植株已达 1cm 以上，并且已结成一个疏松的叶球。

3. 定植前准备

隔离条件。周围 2 000m 之内须确保没有其他甘蓝品种及菜花、球茎甘蓝、甘蓝型油菜、羽衣甘蓝等易与甘蓝串花的蔬菜品种。

整地、施肥、做畦。每亩均匀撒施腐熟捣细的土杂肥 5 000kg、磷酸二铵 15kg、复合肥 20kg，耕翻耙平，做成 1m 宽的平畦，畦面拉平并设排水沟，以备定植。

定植。在种苗不受冻害的情况下，定植越早产量越高。3 月上中旬定植，父母本比例为 1:1，定植前苗床畦去杂去劣。定植时，每畦栽 2 行，株距为 0.4—0.5m，每亩栽植 2 800—3 000 株，边行隔株栽植，内部隔行栽植。为了便于管理，使花期协调，父母本种苗可按大小苗分级定植。

4. 定植后管理

浇水施肥。缓苗后浇一次大水，并根据地力和苗情长势，结合浇水每亩冲施尿素 15kg。抽薹前后要控制浇水，以免生长过旺。进入盛花期，结合浇水每亩可追施氮、磷、钾复合肥 15—20kg，此后供水要充足。收前开始减少浇水次数。

严格去杂。种株开花前要经常进行田间巡视检查，发现劣株、杂株及时拔除，确保种子纯度。

调节花期。应根据品种特性，调节花期。主要措施：双亲错期播种或错期定植；开花晚的亲本搭小拱棚或地膜覆盖；双亲花期相差 5—7 天，当始花期早的亲本花茎抽出一级分枝时，在距离其主花茎 10cm 处对其摘心，可以使其花期延迟；多期播种。

支架、打顶、摘心。为防种株倒伏影响产量，进入盛花期，要尽量用竹竿和绳把种株架起来，促其多分枝、多结荚、提高产量。

授粉。甘蓝为虫媒花，传粉的主要媒介是蜜蜂。制种田放蜂能明显提高种子产量。因此，要在制种田设置蜜蜂箱，每亩制种田放 1 箱蜂，必要时也可进行人工授粉。

病虫防治。制种田主要虫害是蚜虫、菜青虫和潜叶蝇，为害甘蓝生长。防治蚜虫可用吡虫啉等，防治潜叶蝇可用绿叶宝，可于 5 月 20 日后每日喷洒 1 次，连喷 2—3 次。

5. 收获

适期收获。种子成熟后应及时收获。收获过早，籽粒饱满度差，影响种子产量和质量；收获过晚，种荚爆裂，造成减产，所以在种株黄熟后即可收获。

后熟脱粒。采收后，枝条、角果、种子含水量较高，后熟一定要架起来透气，防止因发热而使种子发霉，降低发芽率。脱粒应尽量避免机械损伤和混杂。

父本、母本分开采收。收割后切忌堆在一起，否则种子易霉变，影响发芽率。种子脱粒后，及时晾晒。若遇雨天，可用薄膜垫底，薄薄地摊在室内。不可在塑料和水泥地上晒种，否则会影响发芽。

当籽粒含水量下降到 7% 以下时，收藏种子贮存。

项目小结

本项目学习了甘蓝的原种、大田用种生产技术、甘蓝杂交种生产技术，完成了种子田去杂去劣技能训练。

通过本节学习，将甘蓝原种、大田用种种子生产的技术环节联系起来，并利用所学知识和技能解决种子生产上的问题，能制定出种子生产技术规程和指导种子生产，实现种子生产的高产、高效、低消耗和生态环境友好。

复习思考题

1. 甘蓝有哪几种类型？各有何特点？

2. 简述结球甘蓝的春化特性。

3. 如何防止春甘蓝未熟抽薹？

4. 简述日光温室早春茬甘蓝栽培技术要点。

5. 简述甘蓝栽培技术要点。

6. 甘蓝的原种、大田用种生产技术。

7. 甘蓝杂交种生产技术。

模块四　种子检验、加工、贮藏

项目一　种子检验

学习目标

知识目标

种子检验的程序、项目和标准；种子扦样的目的、原则和仪器设备。

能力目标

熟练使用各项检验仪器设备和药品；掌握各项检验技术操作流程；做好检验原始数据的整理、填写和结果分析报告。

情感目标

具有种子检验的专业意识和法律意识；具有实事求是、严肃谨慎、保守机密的职业道德。

知识准备

种子检验基本知识

任务一　种子扦样

实操实验

学习目标	种子扦样的仪器设备和使用方法；袋装、散装种子的扦样方法。	
材料 设备准备	材料	小麦、玉米、大豆等种子。
	工具设备	单管扦样器、双管扦样器、长柄短筒圆锥形扦样器、圆锥形扦样器、气吸式扦样器、钟鼎式分样器、横格式分样器、电动离心式分样器。
实施过程	1. 检查前一周在网上调查的扦样器、分样器种类和使用方法记录； 2. 实验室观察扦样器、分样器，多媒体播放图片； 3. 使用分样器进行分样。	

理论渗透

一、扦样用仪器设备

目前，国内外使用的种子扦样器有单管扦样器、双管扦样器、长柄短筒圆锥形扦样器、圆锥扦样器、气吸式扦样器。

1. 单管扦样器

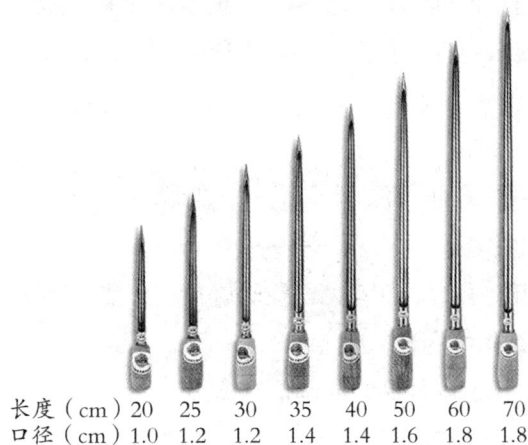

长度（cm）20　25　30　35　40　50　60　70
口径（cm）1.0　1.2　1.2　1.4　1.4　1.6　1.8　1.8

图4.1-1　单管扦样器

单管扦样器主要用于袋装的中、小粒种子的扦样，但不适用于散装种子扦样。

单管扦样器有多种不同的型号和规格，分别适用于扦取不同的种子，其构造和使用方法大致相同。单管扦样器的管由金属制成，前端尖锐，有纵向斜槽形切口。选择扦样器的原则是扦样器的长度要略短于被扦容器的斜角长度。使用时程序如下：

①利用尖端拨开种子袋的一角，槽孔向下，尖端朝上，与水平约成 30°角，慢慢插入袋内，直至到达袋的中心。

②然后将扦样器旋转 180°，使槽孔朝上，稍微振动，以确保扦样器全部装满种子。

③慢慢将扦样器抽出，将种子倒入准备好的样品袋或其他容器。

2. 双管扦样器

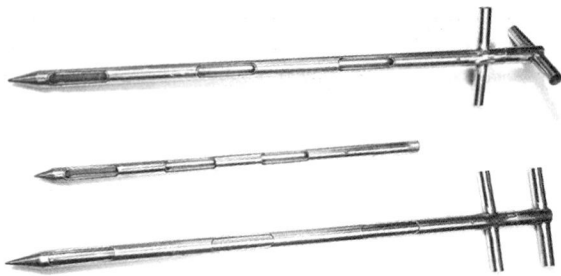

图 4.1-2　双管扦样器

双管扦样器主要用于散装和袋装种子的扦样。

双管扦样器是用粗细不同的两个金属管制成的空心管紧密套在一起制成。其外管管壁上有狭长的小孔，尖端有一实心的圆锥体，便于插入种子；内管末端与手柄连接，便于转动。孔与孔之间有柄壁隔开，用相反方向旋转手柄可以使孔关闭。当旋转到内外管孔吻合时，种子流入内管的孔内，再将内管旋转半周，孔口即关闭。使用时程序如下：

①旋转手柄将孔口关闭。

②利用尖端拨开种子袋的一角，孔口向下，尖端朝上，与水平约成 30°角，慢慢插入袋内，直至到达袋的中心。

③旋转手柄 180°开启孔口，转动两次或轻轻摇动，使扦样器完全装满种子。

④关闭孔口，慢慢抽出扦样器。

⑤打开孔口，将种子倒入样品袋或其他容器。

3. 长柄短筒圆锥形扦样器

长柄短筒圆锥形扦样器是我国最常用的散装种子扦样器。用铁质材料制成，分为长柄和扦样筒两部分。柄长 2—3m，分成 3—4 节组成，节与节之间用螺丝连接，长度可以调节，最上一节具有握柄。扦样筒由圆锥体、套筒、进种门、活动塞、定位鞘等构成。扦样程序如下：

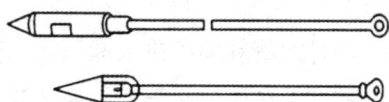

图 4.1 - 3　长柄短筒圆锥形扦样器

①旋紧螺丝，以 30°角斜插入种子堆中；达到一定深度后，用力向上一拉，使活动塞离开进种门；略为振动一下，使种子掉入套筒内。

②然后抽出扦样器，把种子倒入样品袋或容器中。

4. 圆锥形扦样器

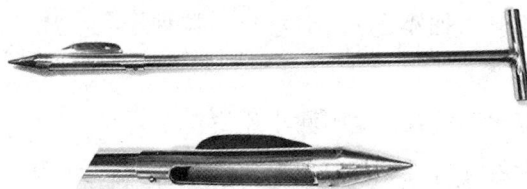

图 4.1 - 4　圆锥形扦样器

圆锥形扦样器专门用于种子柜、各类车厢中散装种子的扦样。用金属材料制成，由活动铁轴和一个下段尖锐的倒圆锥形的套筒组成；铁轴长约 1.5m，轴的下端连接套筒盖，可上下自由活动。扦样程序如下：

①将扦样器垂直或略微倾斜地插入种子堆中。

②压紧铁轴，使套筒盖盖住套筒；达到一定深度后，拉上铁轴，使套筒盖升起；略为振动一下，使种子掉入套筒内。

③然后抽出扦样器，把种子倒入样品袋或容器中。

5. 气吸式扦样器

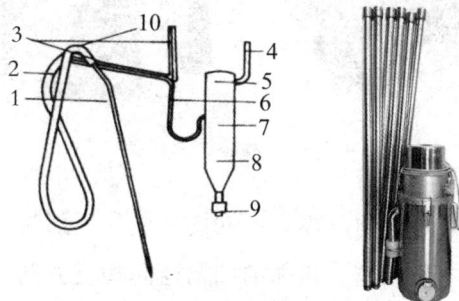

图 4.1 - 5　气吸式扦样器

1. 扦样管　2. 皮管　3. 支持杆　4. 排气管　5. 马达　6. 曲管
7. 减压室　8. 样品收集室　9. 玻质观察管　10. 连接夹

气吸式扦样器适用于堆积面广或装在低处深处的仓储种子的扦样。扦样程序如下：

①接通电源，开动真空泵。

②将种子吸入扦样管内，经过皮管和曲管进入减压室，落入样品收集室。

③关上电源，停止真空，打开下部活门，接收扦取的样品。

二、分样用仪器设备

1. 钟鼎式分样器

钟鼎式分样器适用于中、小粒种子的分样。由漏斗、漏斗开关、圆锥体、分样格、流样口、接样斗和支架等部件组成，样品通过分样格被均匀分成两个部分。一般可分为大、中、小三种类型，大号分大粒种子（如玉米），中号分中粒种子（如小麦），小号分小粒种子（如油菜）。分样程序如下：

①将洁净的分样器水平放置，关闭漏斗开关。

图 4.1-6　钟鼎式分样器

②在样品出口处放好接样斗，将样品从高于漏斗口约 5cm 处倒入漏斗内，刮平样品。

③打开漏斗开关，待样品流尽后，轻拍外壳，关闭漏斗开关。

④将两个接样斗内的样品同时倒入漏斗内，按照上述方法重复混合两次。

⑤任取其中一个接样斗内的样品继续进行混合分样，直至一个接样斗内的样品接近所需要数量为止。

2. 横格式分样器

图 4.1-7　横格式分样器

适用于大粒和带稃壳的种子的分样。用铁皮制成，顶部为一长方形漏斗；下面是12—18 个排列成一行的长方形凹槽，相邻的凹槽通向相反方向，每组凹槽下各有盛样器；此外还有一个倾倒盘，其长度与漏斗长度相同。当把种子从上面倒入到分样器中，通过一系列交叉的相反方向的滑道把样品分成相等的两份。分样程序如下：

①将洁净的分样器水平放置，在样品出口处放好盛样器。

②将样品均匀平铺在倾倒盘内，沿着整个漏斗等速地倒入分样器内。

③待样品流尽后，将两个盛样器内的样品同时倒入漏斗内，按照上述方法重复混合两次。

④任取其中一个接样斗内的样品继续进行混合分样，直至一个接样斗内的样品接近所需要数量为止。

3. 电动离心式分样器

图4.1-8 电动离心式分样器

适用于中、小粒种子的分样。利用电机驱动进料斗下方的分样盘按一定的速度旋转，使进入每个分样孔的样品数量相等，完成均匀分样和混合。分样程序如下：

①将洁净的分样器水平放置，在样品出口处放好盛样器。

②接通电源，再将谷物装入漏斗，迅速分样。

③待样品流尽后，将两个盛样器内的样品同时倒入漏斗内，按照上述方法重复混合两次。

④任取其中一个接样斗内的样品继续进行混合分样，直至一个接样斗内的样品接近所需要数量为止。

任务二　种子含水量的测定

实操实验

学习目标	种子含水量测定的原理、仪器设备；种子含水量测定的程序。	
材料设备准备	材料	玉米、大豆、芝麻等作物的种子。
	工具设备	电烘箱、水分测定仪、分析天平、样品盒、干燥器、种子粉碎机、温度计、广口瓶、坩埚。
实施过程	1. 观察水分测定的仪器设备； 2. 提取测定样品：将待测样品充分混合，均匀分成两份。 3. 测定含水量。	

理论渗透

一、低温烘干法

低温烘干法适用于油分含量高的种子，如葱属、花生、芸薹属、辣椒属、大豆、棉属、萝卜、向日葵、亚麻、蓖麻、芝麻和茄子的种子。

测定程序：

①将电烘箱温度调节到110—115℃进行预热，然后让其保持在103（±2）℃。

②把样品盒置于烘箱中1小时左右，放干燥器内冷却后称重，记下盒号和重量。

③随机选取种子15—25g进行粉碎（小粒种子可以不进行处理）。

④随机取两份样品，每份4.5—5g，放入烘干的样品盒内并加盖，称重记下重量。

⑤将样品盒打开盖子，迅速放入电烘箱内，待温度回升至103（±2）℃时开始计算时间。

⑥烘干8小时后，戴上手套打开箱门，迅速盖上样品盒盒盖，立即将样品盒置于干燥器内冷却，冷却30—45分钟后取出样品盒称重。

结果计算：$含水量 = \dfrac{样品烘干前重量 - 样品烘干后重量}{样品烘干前重量} \times 100\%$

若一个样品两次重复测定的结果相差不超过0.2%，其最终结果可以用两次结果的平均数表示；否则，要重新进行两次测定。含水量测定结果精确到0.1%。

二、高温烘干法

适用于粉质种子，如芹菜、燕麦属、甜菜、西瓜、甜瓜属、南瓜属、胡萝卜、大麦、莴苣、西红柿、烟草、水稻、菜豆属、豌豆、黑麦、高粱属、菠菜、小麦属、玉米等。

测定程序：①将电烘箱温度调节到140—145℃进行预热；②烘干温度保持在130℃，玉米烘干时间为4小时，其他禾谷为2小时，再其他种子为1小时。其余过程与上述低温法一致。

三、高水分预先烘干法

适用于需磨碎的高水分种子，禾谷类种子水分超过18%，豆类和油料作物种子水分超过16%，必须采用预先烘干法。因为高水分种子难以磨碎到规定的细度，磨碎时水分易散发，影响水分测定结果的正确性。

测定程序：

①称取两份种子样品各25（±0.02）g，置于直径大于8cm的样品盒中，在103（±2）℃电烘箱中预热30分钟（油料作物种子70℃预热1小时），取出后冷却2小时称重。

②将烘干的两份种子磨碎，按照低温烘干法或高温烘干法烘干、冷却、称重、计

算含水量。

结果计算：种子水分 $= S_1 + S_2 - \dfrac{S_1 \times S_2}{100}$

其中：S_1 表示第一次整粒种子烘干后失去的水分（%）；

S_2 表示第二次磨碎种子烘干后失去的水分（%）。

任务三　种子净度的测定

实操实验

学习目标	种子净度测定的目的和意义；种子净度测定的方法。	
材料 设备准备	材料	玉米、大豆、芝麻等作物的种子。
	工具设备	钟鼎式分样器、分样板、筛子、小簸箕、镊子、天平、称量瓶等。
实施过程	1. 提取测定样品：将待测样品充分混合，均匀分成两份，记录重量。 2. 将样品中的夹杂物、废种子分离出来，并称重； 3. 鉴定净种子，并称重； 4. 处理数据、计算结果、测定含水量。	

理论渗透

一、净度分析

种子净度就是种子的洁净程度，是指供检样品中除去杂质和其他植物种子后，剩下的净种子重量占样品总重量的百分率。净度分析包括两方面的内容：一是测定供检样品各成分的百分比。《农作物种子检验规程：净度分析》（GB/T 3543.3—1995）规定，把样品分为净种子、其他植物种子和杂质三种成分，各成分的结果以重量百分比表示。二是分析样品混合物的特性。

1. 净种子

净种子是指送验者所叙述的种（包括该种的全部植物学变种和栽培品种）或在检验时发现的主要种，符合国家或国际种子检验规程要求的种子单位或构造。具体标准如下：

（1）完整的种子单位。未损伤的种子单位即使未成熟、瘦小、皱缩、带菌或发过芽都应作为净种子。

（2）大于原来大小一半的破损种子单位。大于原种子一半，即使无胚，也应归为净种子；小于原种子一半，即使有胚，也应归为杂质；不能就其是否大于原大小一半

157

迅速做出判断的种子，列为净种子。

2. 其他种子

其他种子指净种子以外的任何植物种类的种子单位，包括杂草种子和异作物种子。其鉴别标准与净种子鉴别标准基本相同。

3. 杂质

杂质指除净种子和其他植物种子以外的所有种子单位、其他杂质及构造。包括：

（1）小于原种子一半的破损种子。

（2）砂石、土块、茎秆、碎叶、苞片、果皮、果柄，昆虫的卵块、成虫、幼虫、蛹和排泄物等非种子物质。

二、种子净度分析的意义

第一，推断该样品所代表的种子批的组成情况。

第二，为种子加工与贮藏提供依据。

第三，可决定种子批的取舍和危害程度，避免有害、有毒物质及检疫性杂草危害农业生产安全。

第四，可用作种子其他质量指标的检验。

三、种子净度测定的方法

1. 分析前的准备

分析前必须验收送验样品的样品编号与记录是否一致，该种是否为记录所描述的种，送验样品的重量是否满足要求等；必须进行重型混杂物检查。

（1）送验样品的称重。按照《农作物种子检验规程：扦样》（GB/T 3543.2—1995）的要求，确定该品种送验样品的最低重量。送验样品的重量一般是净度分析量的10倍以上。

（2）重型混杂物的检查。与供检样品在大小、重量上明显不同的大粒种子、小石块、土块等重型混杂物，数量少、重量大，严重影响分析结果。在净度分析前必须先从送验样品中挑出重型混杂物并称重（m），再将其分离为其他植物种子和杂质，并分别称重为 m_1 和 m_2（$m_1 + m_2 = m$）。

2. 试验样品的分取

试验样品重量的规定。试验样品的重量应估计为至少含有 2 500 个种子单位的重量，或不少于《农作物种子检验规程：扦样》（GB/T 3543.2—1995）的规定。

分取试样。遵循分样规则，用分样器分取或用四分法反复递减分取，直至分取出规定重量的试验样品。用规定重量的一份试样或两份半试样（试样重量的一半）进行净度分析。

试样称重。用称量和感量均满足要求的天秤对试样进行称重，单位以克（g）表示，精确到规定的小数位数。

3. 试样的分离、鉴定和各成分的称重

试样称重后，根据净种子的标准，将试样分为净种子、其他植物种子和杂质三种成分。分离时可借助放大镜、显微镜、套筛、吹风机、清选机、电动筛选机、振动分离机、电光检种器等器具。

常用的方法是选用筛孔适当的两层筛网套筛，要求小孔筛的孔径小于所分析的种子，大孔筛的孔径大于所分析的种子。使用时，小孔筛套在大孔筛的下面，再将筛底盒套在小孔筛的下面，倒入试样或半试样，加盖，置于电动筛选机上筛动或手工筛动2分钟。筛理后，将各层筛及底盒中的分离物分别倒在净度分析台上进行分析鉴定，分离出净种子、其他植物种子和杂质，然后对各种成分分别称重，单位以克（g）表示。

4. 其他植物种子数目的测定

对其他植物种子数目的测定，根据送验者的不同要求，可采取完全检验、有限检验和简化检验三种不同的方法。

5. 结果计算与数据处理

检查分析过程的重量增失。无论是一份试样，还是独立分取的两份半试样，应将分析后的各种成分重量之和与原始重量做比较，核对分析期间有无物质增失。如果增失差距超过原始重量的5%，分析必须重做，并须填报重做的结果。

计算各成分的重量百分率。用全试样分析时，净种子、其他植物种子、杂质的重量百分率应计算到一位小数；用半试样分析时，应对每一份半试样所有成分分别进行计算，百分率至少保留到两位小数，并计算各成分的平均百分率。计算百分率时必须根据分析后各种成分的重量总和计算，而不是根据试验样品的原始重量计算。

检查重复分析间的误差。如果分析两份半试样，任一成分的偏差不得超过《农作物种子检测规则：净度分析》（GB/T 3543.3—1995）净度分析容许误差表中所示的重复分析间的容许误差。若所有成分的实际差距都在容许范围内，则计算每一成分的平均值；若实际误差超过容许范围，则重新分析两份半试样，直到在容许范围内为止。

计算结果与数据修约。种子检验结果的平均值有两种计算方法，一种是算术平均值，另一种是加权平均值。净度分析的平均值是加权平均值，最后结果是以净种子的各重复成分之和与分析后总重量之和相比而得，其他成分也是同样。各成分的最后填报结果保留一位小数。各成分的重量百分比相加，其和应为100.0%，小于0.05%的微量成分在计算中应除外。如果其和不是100.0%而是99.9%或100.1%，就从最大值（一般是净种子）中增减0.1%。如果修约值大于0.1%，应检查计算有无差错。

6. 填写净度分析结果报告单

净度分析的结果以三种成分的重量百分率表示，精确到一位小数，各种成分的百分率之和必须为100.0%。成分小于0.05%的填报为微量；如果一种成分的结果为0，则填报为"—0.0—"。当发现某一类杂质或某一种其他植物种子的重量百分率达到1%或更多时，该种类必须在结果报告单上注明。

▪▫ 任务四　种子发芽率的测定 ▪▫

实操实验

学习目标	种子发芽率测定的原理、仪器设备；种子发芽率测定的方法。	
材料 设备准备	材料	水稻、玉米、小麦、大豆、辣椒、西瓜等作物的种子。
	工具设备	光照培养箱、发芽盒、吸水纸、细砂、无菌水、镊子、标签纸。
实施过程	1. 制备发芽床； 2. 数取试验样品； 3. 种子置床和贴标签； 4. 破除休眠； 5. 培养发芽，观察记载试验天数和发芽种子数，计算发芽率。	

理论渗透

发芽试验的目的是测定种子样品的最大发芽潜力，从而估测种子批的田间播种价值，并比较不同种子批的种用质量。

发芽试验的设备

1. 发芽设备

发芽箱。主要有电热恒温发芽箱、变温发芽箱、光照发芽箱、人工气候箱。

发芽室。又称人工气候室，是一种能够采用人工方式在室内模拟与生物或人类密切相关的各种自然界气象条件的实验设备。人们能根据不同的试验需求对其进行有效操作，以实现对试验特定环境条件主要是特定小环境内各个环境因子，如温度、湿度、光照和 CO_2 浓度等的自动控制和调节。

数种设备。国内常见的数种设备有数种板、微电脑自动数粒仪、真空数种器。

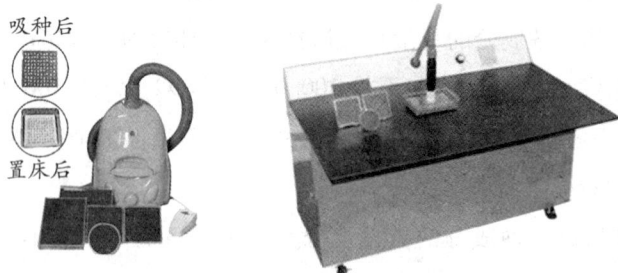

图 4.1－9　发芽设备

2. 发芽床

发芽床是用来安放种子并供给种子水分和支撑幼苗生长的衬垫物。发芽床应具备保水供水性能良好、通气性好、无毒质、无病菌、有一定强度等条件。润湿发芽床的水应是纯净的，不能含有有机质和无机杂质，pH 值应在 6.0—7.5 范围内。

纸床是发芽试验中应用最广泛的一类发芽床。纸床使用方法如下：

①纸上。是指先把一层或多层发芽纸放在培养皿里，充分吸湿，沥去多余水分；把种子直接放在湿润的发芽纸上，盖上培养皿，放进发芽箱进行发芽。

②纸间。是指先在培养皿里放一层湿润的发芽纸，然后放上种子，再盖上另外一层发芽纸，放进培养箱发芽。

③褶裥纸。是指把种子放在类似手风琴的纸条内，每个褶裥放两粒种子，将纸条放在盒内或直接放在湿润发芽箱内进行发芽。

砂床是种子发芽试验较为常用的一类发芽床。当纸床污染，对已有病菌的种子样品鉴定困难时，可用砂床替代纸床。砂床使用方法如下：

①砂上。适用于中、小粒种子。将拌好的湿砂装入培养盒中至 2—3cm 厚，再将种子压入砂表层。

②砂中。适用于中、大粒种子。将拌好的湿砂装入培养盒中至 2—4cm 厚，播上种子，再覆盖 1—2cm 厚的松散湿砂，以防翘根。

土壤床。如有特殊需要，可用土壤作为发芽床。选用符合要求的土壤，经高温消毒后，加水调配适宜水分，然后再播种，并覆上疏松土层。

任务五　种子纯度的测定

实操实验

学习目标	种子纯度测定的原理、仪器设备；常见种子快速纯度测定的方法。	
材料 设备准备	材料	水稻、玉米、小麦、大豆等作物的种子。
	工具设备	苯酚试剂、愈创木酚试剂。
实施过程	1. 观察种子，多媒体播放图片，牢记玉米籽粒形态性状、幼苗形态性状、植株和果穗形态性状； 2. 利用苯酚试剂鉴定小麦、水稻、大麦等种子，利用愈创木酚试剂鉴定大豆种子。	

理论渗透

我们通常所说的种子纯度，从严格意义上讲应该叫品种纯度。

一、品种纯度的含义和测定意义

（一）品种纯度的含义

品种纯度应包括两方面的内容，即品种真实性和品种纯度。

品种真实性：是指一批种子所属品种、种、属与文件描述是否相符。如果品种真实性有问题，品种纯度测定就毫无意义。

品种纯度：根据农作物种子检验规程中的规定，品种纯度是品种在特征特性方面典型一致的程度，用本品种的种子数（或株、穗数）占供检本作物样品种子数（或株、穗数）的百分率表示。

田间小区种植是鉴定品种真实性和测定品种纯度的最为可靠、准确的方法，也是我国农作物种子检验规程规定的标准方法。对于已经播种的种子，可根据不同作物的生长情况，采用田间检验的方法对种子纯度进行鉴定。

异型株：是指一个或多个性状与原品种的性状明显不同的植株。在纯度检验时主要鉴别与本品种不同的异型株。品种检验的对象可以是种子、幼苗和成熟的植株。

（二）品种纯度测定的意义

品种纯度是种子的主要质量指标，影响作物的产量和产品品质。

由于纯度低而导致的减产完全有可能抵消一个新品种的增产潜力，因此品种纯度低会造成很大的损失。

品种真实性和品种纯度测定在种子生产、加工、贮藏及经营中具有重要意义和应用价值。

二、纯度测定的方法

（一）形态检验法

1. 种子形态检验法

指根据种子形状、大小、色泽、质地、表面的光与毛等诸多外部特征来区分本品种与异品种。该法简单、经济、快速，但准确性较差，且随着现代育种科学的发展，不同品种间种子外观形态的差异越来越小，因此靠区别种子形态上的差异来鉴定种子纯度也变得越来越困难。

品种纯度 = ［（供检样品种子数 − 异品种种子数）/供检样品种子数］ ×100%

2. 种苗形态检验法

指根据不同品种幼苗的独特性状，如幼苗芽鞘颜色、幼苗生长锥及子叶的形状、颜色、大小等区分本品种与异品种。该法简便、省时，但受环境的影响颇大，检验结果不够可靠。

3. 田间小区种植检验法（成株期形态检验法）

指将一定量的作物种子在田间种植一个小区，单粒播种，不间苗，不定苗，并设有标准品种小区做对照，在成株期依据其主要特征鉴定纯度。这是最为通用且比较可靠的方法，它主要根据株型、株高、叶片数、叶色、叶片宽窄、花药颜色等作出评判。但此法所需时间较长，当年所生产的种子要等下一个生长季节或异地鉴定才能得到结果，往往丧失种子上市商机，且费工占地；而且这种方法受环境影响颇大，使得鉴定结果的准确性受到一定程度的影响。

由于形态学方法诸多不足，用一种快速、简便、准确、实用的室内检测方法来代替形态检验法已成必然。将电泳技术和 DNA 分子标记技术应用到纯度测定这一领域，恰恰顺应了这一要求。

（二）快速测定法

1. 苯酚染色法

主要适用于大麦、小麦、燕麦、早熟禾、水稻等种子的纯度测定。苯酚为无色溶液，在酚类氧化酶的作用下，能被氧化而形成一种新的呈红色的化学物质——对苯醌。由于遗传差异，不同品种种子中酚酶的含量不一，遇苯酚溶液时生成的对苯醌的数量也不同，在苯酚溶液测试中种皮呈现的颜色也不同，依此可区分不同品种的种子。操作程序如下：

①取小麦种子 100 粒试样两份；

②将试样浸水 18—24 小时后用滤纸吸干表面水分，再放入垫有由 1% 苯酚溶液润湿的滤纸的培养皿内（腹沟朝下）；

③室温下，试样保持 4 小时后即可鉴定染色深浅。

小麦染后的颜色一般可分为不染色、淡褐色、褐色、深褐色、黑色五种，可将与基本颜色不同的种子取出作为异品种。

2. 大豆种皮过氧化物酶显色法

大豆种皮内的过氧化物酶可催化过氧化氢分解产生游离氧基，游离氧基可使无色的愈创木酚氧化产生红褐色的邻甲氧基对苯醌，种皮内含有的过氧化物酶活性越高，单位时间内产生的红褐色的邻甲氧基对苯醌越多，溶液的颜色越深；反之，颜色越浅。

由于遗传基础不同，不同品种大豆种皮中过氧化物酶的活性不同，在一定条件下，溶液染色的深浅也不同，依此可区分不同品种。操作程序如下：

①取大豆种子 50 粒试样两份；

②剥下每粒种子的种皮放入小试管内，加入蒸馏水 2mL，浸提 1 小时；

③向试管内加入 0.5% 的愈创木酚 10 滴；

④10 分钟后向试管内加入 0.1% 的过氧化氢溶液 1 滴，数秒后即可鉴定染色深浅。

溶液颜色可分为棕红、深红色、橘红色、淡红色、无色等，可根据不同颜色鉴别本品种和异品种，计算百分率。

（三）蛋白质电泳法

指利用电泳技术对备检样品的种子或幼苗的蛋白质进行分离、染色，形成蛋白质电泳谱带的差异，并与标准品种相比较，从而鉴定品种的真实性和纯度的一种方法。不同作物品种的基因不同，基因的直接表达产物——蛋白质在种类、数量、结构等方面亦不同。该法便是利用蛋白质的多态性来反映不同品种 DNA 组成上的差异，进而进行品种鉴定的。该法快速、可靠，不受环境影响。

1. 同工酶电泳法

同工酶是指来源相同、催化相同反应而结构不同的酶分子类型，具组织、发育和品种间特异性。该法便是利用电泳技术（包括聚丙烯酰胺凝胶电泳、淀粉胶电泳等）来分离各种酶的同工酶，通过比较同工酶来确定作物种子纯度的。

在作物种子纯度鉴定中，最常用的、多态性较强的是脂酶和过氧化物酶，所用方法多为聚丙烯酰胺凝胶电泳法。但与其他方法相比，该法还存在着一些不足：

①同工酶具组织、发育的特异性：不同组织、不同发育时期，同工酶的数量和组成不同。利用同工酶鉴定种子纯度所用材料多为幼苗，而将种子萌发为幼苗不光费时，还往往因为种子在萌发进程上的不一致而导致检验结果偏差较大。

②谱带位点与凝胶浓度、提取液配方、电泳程序等有关；因酶易失活，故技术上有一定难度。

2. 种子贮藏蛋白电泳法

种子中所含的贮藏蛋白质可分为清蛋白、球蛋白、醇溶蛋白、谷蛋白等，每一类蛋白质的比例因物种而异，但在品种鉴定上利用的多是醇溶蛋白（禾谷类）和球蛋白（豆类）的多样性。

不同蛋白质所带电荷不同，在电场中泳动的速度也不同。电泳之后，通过染色显示的蛋白质条带的数目、位置和颜色深浅，便构成了品种的"指纹"特征，可用于品种鉴定。

本方法所用电泳技术包括聚丙烯酰胺凝胶电泳、淀粉胶电泳及等电聚焦电泳等。但值得注意的是，对于某些遗传组成非常接近的品种，如保持系和不育系，不易找到特异蛋白，采用蛋白质电泳难以发现特征带。另外，蛋白质电泳图谱易受种子（或幼苗）发育阶段及表达器官的影响，有时不够稳定，影响图谱分析，从而影响了鉴定结果的准确性。国外许多先进种子检验实验室多采用超薄等电聚焦电泳法来进行品种鉴定。该法操作方便、准确性高、制胶速度快；由于凝胶超薄（0.15mm），因而可降低检验成本，且缩短了固定、染色和脱色时间；再加上该法采用水平平板电泳槽，可进行双聚焦，这样就大大增加了点样数量，从而提高了工作效率。

（四）DNA 分子标记技术检验法

品种间形态和生化上的区别，归根到底是品种间基因（DNA）上的区别。DNA 分子标记技术便是通过对品种 DNA 的多态性即 DNA 碱基序列的差异进行分析，从而鉴别不同品种的。其检测对象是种子的 DNA 片段（基因），没有器官的特异性，不受环境的影响，有较高的准确性、稳定性和重复性。在作物品种鉴定中应用的有 RFLP 技术、RAPD 技术、微卫星技术和 AFLP 技术等。

任务六　种子生活力的测定

实操实验

学习目标		种子生活力测定方法的原理；四唑染色法测定种子生活力的操作。
材料 设备准备	材料	玉米、大豆的种子。
	工具设备	0.1%、1.0% TTC 溶液；培养皿、烧杯、镊子、单面刀。
实施过程		1. 种子预处理。随机选取玉米和大豆种子各 200 粒，用温水（30—35℃）浸泡 3—6 小时，使种子充分吸胀。 2. 染色前种子处理。大豆种子剥去种皮，玉米种子沿胚和中线纵向切取半粒。 3. 染色。将玉米种子放入培养皿中加入 0.1% TTC 溶液，淹没种子即可，在 35℃ 下浸泡 0.5—1 小时。将大豆放入培养皿中加入 1.0% TTC 溶液，在 35℃ 下浸泡 3—4 小时。

理论渗透

种子生活力是指种子的发芽潜在能力或种胚所具有的生命力，通常是指一批种子中具有生命力（即活的、适宜条件下）种子数占种子总数的百分率，常用 TTC 法鉴别。

一、四唑染色法测定

（一）测定原理

有生活力种子的活细胞中有脱氢酶活性，可以从底物中脱出氢离子，后者与无色的四唑发生反应，在种子胚部的活细胞中产生红色的、稳定的、不易扩散的、不溶于水的三苯基甲䐶，可依据四唑染成的颜色和部位，来区分种子红色的有生活力部分和无色的无生活力部分。

判断种子有无生活力主要取决于胚组织的染色部位和染色面积的大小；依据胚的不染色部位，还可查明种子死亡的原因。

（二）四唑染色测定的应用范围

测定休眠种子、收获后要立即播种的种子的潜在发芽能力。

测定发芽缓慢种子、发芽末期未发芽种子的发芽潜力。

测定种子在收获期间、加工过程中的损伤（如热伤害、机械伤害、虫蛀、化学伤害等）原因。

测定发芽试验中不正常幼苗产生的原因和杀菌剂处理、种子包衣处理等的伤害。

测定种子贮藏期间劣变衰老的程度，按染色图形及程度分级评定种子活力水平。

在测定时间紧迫、调种等情况下，要快速了解种子发芽潜力和种胚生命力，可采用此法。

（三）小麦种子四唑测定结果的鉴定标准（如图4.1-10所示）

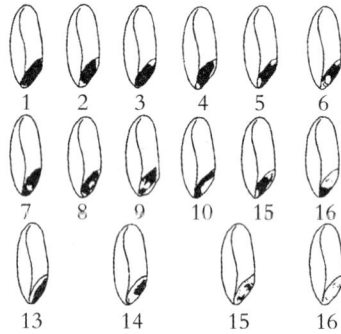

图4.1-10　种子四唑测定结果的鉴定

图中黑色部分表示染成红色、有生活力的组织，白色部分表示不染色的死组织。

1. 有生活力，整个胚染成鲜红色。2—5. 有生活力，盾片末端未染色。6. 有生活力，胚根尖端及胚根鞘未染色。7. 无生活力，胚根3/4以上未染色。8. 无生活力，胚芽未染色。9. 无生活力，盾片中部和盾片节未染。10. 无生活力，胚轴未染色。11. 无发芽力，盾片末端和胚芽尖端未染色。12. 无生活力，胚的上半部未染色。13. 无生活力，盾片未染色。14. 无生活力，盾片、胚根和胚根鞘未染色。15. 无生活力，染成模糊的淡红色。16. 无发芽力，整个胚未染色。

（四）大豆种子四唑测定结果的鉴定标准（如图4.1-11所示）

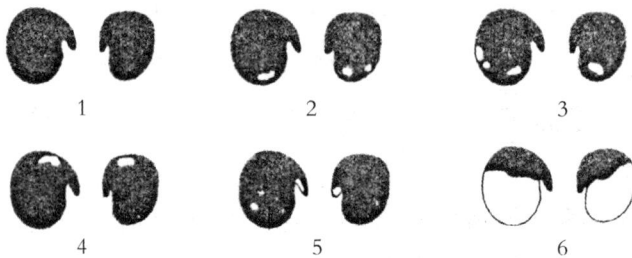

图4.1-11　四唑测定结果的鉴定标准

1. 有生活力，胚全部染成鲜红色。2. 有生活力，仅子叶远离胚芽部分少量未染色。3. 有生活力，仅子叶下部和边缘少许未染色。4. 无生活力，子叶上部重要部分未染色。5. 无生活力，胚根主要部位未染色。6. 无生活力，子叶一半以上未染色，或破裂，或胚根胚芽已死亡。

二、靛蓝及红墨水染色法

（一）测定原理

有生活力种子的活细胞原生质膜有选择吸收能力，在种子浸入到染料中后，染料大分子不能够进入到细胞内，所以活细胞不能被染色，但死的细胞因为原生质膜丧失了选择吸收能力，所以能被染色。据此可以区别种子生活力的有无。

（二）应用范围

适用于禾谷类、豆类、棉花、瓜类和林木等的大、中粒种子的生活力测定。

任务七　种子千粒重的测定

实操实验

学习目标	种子千粒重的概念及测定意义；千粒重测定的方法。	
材料 设备准备	材料	玉米、大豆、小麦、白菜、韭菜的种子。
	工具设备	数粒仪、水分仪、天平、称量瓶等。
实施过程	1. 取样。从净种子中随机取出一部分，使用数粒仪从净种子中随机取样，玉米、大豆、花生等大粒种子每份试样500粒，小麦、韭菜、白菜、黄瓜、西红柿等中、小粒种子每份试样1 000粒；重复两次。 2. 称重。每份试样分别称重（g）。 3. 计算。根据两组数据计算平均值，若两次误差大于5%，则应该再测1次重复，直至达到要求，取差距较小的两组重复计算千粒重。	

理论渗透

一、种子千粒重测定的意义

种子千粒重是以克（g）表示的1 000粒种子的重量。

千粒重综合反映了作物种子多项品质指标。种子千粒重大，说明种子饱满度高、充实度好、籽粒大。

千粒重是种子活力的重要指标之一。种子千粒重越大，其内部贮藏的营养物质越多，发芽越迅速整齐，播种出苗率越高，幼苗生长越健壮，越能保证田间的成苗株数，从而增加作物产量。

千粒重是田间预测产量时的重要依据。在农作物产量预测时，要准确测定种子千粒重。比如：玉米种子测产时，依据有效穗数、每穗粒数和千粒重，可以预测理论产量。

千粒重是计算播种量的重要依据之一。根据千粒重、种子净度、发芽率、田间出苗率等可以计算播种量。

$$播种量（千克/亩）= \frac{每亩基本苗数 \times 千粒重(g)}{1\,000 \times 1\,000 \times 种子净度(\%) \times 发芽率(\%) \times 田间出苗率(\%)}$$

二、微电脑自动数粒仪

（一）电子自动数粒仪工作原理

电磁振动盒使种子逐粒排队送料，落入光电转换槽后形成光电脉动，经放大整形倒相后送入计数电路，以 LED 数码管显示读数。预置用拨盘开关，当计数到预置数后，停止送料，停止记数。仪器设有自校频率，便于检查计数电路及预置的正确性。

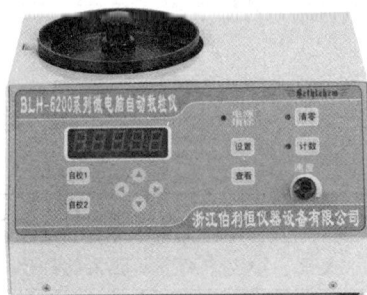

图 4.1 - 12　电子自动数粒仪

（二）适用范围

适用于玉米、小麦、水稻、油菜、芝麻、高粱、蔬菜类、花卉类等的种子数粒。

（三）功能特点

微电脑自动控制，LED 大屏幕液晶显示，人性化设计，完全自动化操作；

具有电路自整、任意计数、预置自停和批量数粒等功能；

具有灵敏挡位设置，可根据不同种子颗粒大小预设合适的挡位速度，减少用户手动调节的烦琐；

具有自动断电保护功能，自动检测无种子后，振动料盒将保护性停止工作，不但节能环保，而且可以延长仪器的使用寿命；

工作界面显示清晰直观，如设有数粒模式、设定数字、实际数字、数粒时长、挡位速度、北京时间等；

数粒速度快慢可调，噪音小，精度高，中小型种子均适用；

具备报警提示功能，在数粒完成、保护性停止工作时都会有报警提示声音，增强用户体验感。

（四）使用方法

先进行仪器组装，组装好后插上电源线，打开仪器的电源开关。

然后将接料杯放在落料口处，按下设置键，根据数粒需要设置计数的数字，如1 000或500等。

将准备好的种子放入样品盘中，用调节螺钉将样品盘上的出料处调整到种子的大小。

按下计数键，用调速旋钮调到所需要的速度，使种子在样品盘内移动直至落料口；当种子从落料口处滑落时便开始计数，屏幕上会显示种子的数量；当种子数量达到所设定的数量时，仪器停止运行。

使用完毕后，按下清零键将屏幕上的数字清零，关闭仪器的电源开关。

三、千粒重测定方法

（一）百粒法

取样。从净种子中随机取出100粒种子为一组，重复取8组。

称重。样品称重（g），记载各组种子重量。

计算千粒重。根据8组重量计算平均值（$\bar{X}$）、标准差（S）和变异系数（C）

$$平均值（\bar{X}）= \frac{\sum x}{n}$$

$$标准差（S）= \sqrt{\frac{n\left(\sum x^2\right) - \left(\sum x\right)^2}{n(n-1)}}$$

$$变异系数（C）= \frac{S}{\bar{X}} \times 100$$

式中，x为各组重量（g），n为重复次数。

种子变异系数（C）不宜超过4，否则应从测定样品中随机再称取8个重复，并计算16个重复标准差，与平均值相差超过两倍标准差的重复省略不计。平均值乘以10即为种子千粒重。

（二）千粒法

取样。从净种子中随机取出一部分，再使用数粒仪从这部分净种子中随机取样。玉米、大豆、花生等大粒种子每份试样500粒，小麦、韭菜、白菜、黄瓜、西红柿等中、小粒种子每份1 000粒；重复两次。

称重。每份试样分别称重（g）。

计算。根据两组数据计算平均值，若两次误差大于5%，则应该再测1次重复，直至达到要求，取差距较小的两组重复计算千粒重。

（三）全量法

若种子数过少，将全部种子用数粒仪计数，称取重量，计算千粒重。

（四）换算成规定水分下的千粒重

$$千粒重（规定水分，g）= \frac{实测千粒重（g）\times [1-实测水分（\%）]}{1-规定水分（\%）}$$

知 识 拓 展

种子检验新技术

项 目 小 结

种子检验是指采用科学的技术和方法，按照一定标准，运用一定仪器设备，对种子质量进行分析测定，判断其优劣，评定其种用价值的过程。

种子检验规程是一种对种子质量测定的原则定义、仪器设备、检测程序、结果计算和容许差距作出明确规定的技术标准，是国家标准化内容之一。

扦样是从大量种子中随机取得一份重量适当、有代表性的供检样品（样品应由从种子批的不同部位随机扦取若干次的小部分种子合并而成），然后把这份样品采用对分递减或随机抽取法分取出规定重量的样品。样品又分为初次样品、混合样品、送检样品、试验样品。

种子检测包括种子的净度分析、发芽率测定、水分含量测定、品种真实性和纯度检验、重量测定、健康测定、生活力测定等。

复 习 思 考 题

1. 试述种子检验的程序。

2. 简述种子质量的概念。

3. 种子扦样的原则和仪器设备。

4. 简述种子净度测定的操作程序。

5. 种子含水量、生活力、发芽率测定的方法。

6. 种子纯度测定、千粒重测定的方法。

项目二 种子的加工

学习目标

知识目标

种子加工的基本知识；清选的原理；种子干燥的原理和目的；常用种衣剂的类型和性能。

能力目标

掌握主要种子清选技术；掌握种子常用干燥方法；掌握种子常包衣技术。

情感目标

增强种子质量安全责任感；具有团结协作、协调沟通能力。

知识准备

种子加工原理和技术

任务一　种子清选技术

实验实训一　认识种子清选筛

实操实验

学习目标	筛子的规格；种子尺寸特性分离的原理。	
材料 设备准备	材料	小麦、玉米、棉花、水稻、高粱、大豆、谷子、果树、蔬菜的种子。
	工具设备	窝眼筛、圆孔筛、长孔筛。
实施过程	1. 检查前一周到市场调查市面上筛子种类和规格的记录； 2. 实验室观察各种种子的尺寸； 3. 学会利用各种筛子清选种子。	

理 论 渗 透

利用种子的尺寸特性进行分离

一、种子的尺寸特性

种子的大小和形状由长、宽、厚三个尺寸决定，长度（L）最大，宽度（B）次之，厚度（A）最小。根据籽粒的三个尺寸的大小可以分成以下几种情况（见表 4.2-1）：

（1）L > B > A 为扁长形，如玉米、小麦、黄豆。

（2）L > B = A 为圆柱形，如红豆。

（3）L = B > A 为扁圆形，如野豌豆。

（4）L = B = A 为球形，如豌豆、白菜。

表 4.2-1　几种常用种子的筛孔选取范围

作物	上筛（mm）	中筛（mm）	下筛（mm）
玉米	Φ13-13.5	Φ11-12	Φ5.5-6.0
水稻	L4.0-4.5	L3.2-3.8	L1.7-2.0
小麦	L5.0-5.5	L3.6-4.0	L1.9-2.2
大豆	Φ9.0-9.5	Φ8.0-8.5	Φ4.5-5.0
油菜	Φ4.0-4.5	Φ2.8-3.0	Φ1.2-1.3

注：Φ表示种子的直径。

实验实训二　观察种子清选机械

实操实验

学习目标	种子清选机的工作原理；种子清选机的结构。	
材料 设备准备	材料	无
	工具设备	种子清选机械的照片、工作视频。
实施过程	1. 检查前一周到农机店调查种子清选机械的记录； 2. 实验室观察种子清选机械图片； 3. 观察种子清选机械工作视频； 4. 学会操作机械清选种子。	

理论渗透

种子清选机械

一、风筛式清选机

利用种子与夹杂物的几何尺寸和悬浮速度差异进行清选和风选。主要用于小麦、大豆、玉米、水稻种子的初清选。其主要部分为顶端或上侧边装有风扇，下方设有排料口的锥筒。当风扇由电动机驱动旋转时，气流从排料口向上抽吸，驱动锥筒内的叶轮旋转，混有杂质的种子由喂入斗落到叶轮上，在离心力的作用下被连续均匀地以薄层甩向靠近锥筒内壁的环形气道中，轻杂质向上漂浮，经风扇排出，重籽粒则下落至排料口排出。

二、复式种子精选机

采用多种清选部件，能一次完成清种和选种作业，以获得满足播种要求的种子。常用的复式种子精选机具有气流清选、筛选和窝眼筒 3 种清选部件。物料喂入后，经前、后吸风道两次气流清选，清除轻杂质和瘪弱、虫蛀的籽粒，又用前、后数片平筛和窝眼筒分别按长、宽、厚 3 种尺寸去掉其余杂质和过大、过小的籽粒。改变吸风道的气流速度，或更换不同筛孔尺寸的平筛筛片，或调节窝眼筒内收集槽的承接高度，可以适应不同的种子和不同的选种要求。

三、重力式精选机

用于按比重精选种子。精选前的种子须经初步清选，籽粒尺寸比较均匀，且不含杂质。重力式选种机由振动分级台、空气室、风扇和驱动机构等组成。振动分级台的上层是不能漏过种子的细孔金属丝编织筛网，下层是带有许多透气小圆孔的底板。分级台的上方用密封罩罩住，内部形成空气室。密封罩的顶部与风扇的入口相通，因而使空气室处于负压状态，气流可自下而上穿过底板小圆孔和筛网。分级台框架由弹簧支承，纵横方向均与水平面成一倾角，并在电机和偏心传动机构的驱动下作纵向往复振动。

喂入的待选种子积聚在分级台筛网上，在上升气流和振动的综合作用下，按比重大小自行分层，比重最大的种子位于最下层，直接触及筛网，因而在筛网的振动下被纵向推往高处；比重小的种子处于上层，不直接受筛网振动的影响，因而在自重的作用下向低处滑动；所有种子同时又沿筛面横向向下滑动，分别落入相应的排料口。根据作物品种与精选要求的不同，喂入量、台面振幅和纵横向倾角、气流压力等均可调节。常用的分级台振幅为 8—12mm，频率为 300—500 次/分，台面横向倾角为 0°—13°，纵向倾角为 0°—12°，筛网孔径为 0.3—0.5mm。当台面种子层厚度为 50mm 时，气流压力为 1.32kPa。如振幅减小，要求频率相应增加。此外，尚有一种正压吹风式选种机，风机出风口正对分级台筛网下方。

任务二　种子干燥

实验实训一　自然干燥实训

实操实验

学习目标	种子干燥的原理；种子干燥对种子质量安全的影响；种子自然干燥的方法。	
材料 设备准备	材料	实训基地各种作物、袋子、晾晒工具。
	工具设备	录像机、多媒体设备、照相机。
实施过程	1. 按照季节安排农事操作； 2. 种子脱粒前利用日光曝晒或自然风干。 3. 种子脱粒后在晒场摊晒。	

理论渗透

一、种子干燥的必要性

新收获的种子含水量高、呼吸强度较大，若不及时干燥，会放出大量的热量和水分，从而由升温造成种子内部活性物质变性，由湿热应力造成种子组织结构破坏，加速了种子劣变，促使种子死亡。贮藏期间，玉米种子在含水量高于 14% 时就开始发霉，在含水量为 16% 时就开始发热，在含水量为 35%—60% 时就开始发芽。种子干燥一方面要求有高的干燥速率，另一方面又要求尽量保持种子的活力，使种子保持原有的发芽力。

二、种子干燥的基本原理

当种子内部水分的蒸汽压大于该条件下空气相对湿度所产生的蒸汽压时（空气有缺水度），种子内部水分会散发，种子会失水而干燥，两者相差越大（前者＞后者），干燥作用越明显。当种子内部水分蒸汽压小于空气中的水分蒸汽压时，种子会从空气中吸水而致含水量升高；当空气中和种子内部水分蒸汽压相等时，种子含水量不变（达到平衡水分）。

种子干燥的原理，简单地讲，就是种子与干燥介质湿热交换的过程，也就是减少空气蒸汽压、使种子内部水分不断向外扩散的过程。

三、影响干燥的因素

温度。一定范围内，温度高，干燥快。

相对湿度、气流速度。温度相等，相对湿度小则干燥快，风速大则干燥快。

种子生理状态及化学成分。生理状态：新收获种子水分高，宜缓慢干燥，或采用先低温后高温二次干燥法。如果用快速法，会破坏种子内部毛细管结构，令表皮硬化，令内部水分不能蒸发（如烤红薯），甚至会使种子体积膨胀（如爆米花），丧失种子生活力。化学成分：粉质种子组织结构疏松，可以快速干燥；蛋白质种子毛细管小，传湿力弱，种皮易破（如炒黄豆、花生）；油质种子易于干燥，高温易走油、破皮。

实验实训二　到粮油站和育种单位参观

实操实验

学习目标	学会观察、分析、总结；学习并掌握常用种子干燥方法。	
材料 设备准备	材料	调查表、笔。
	工具设备	录像机、多媒体设备、照相机。
实施过程	1. 按照季节安排到收购站参观； 2. 观察干燥机械工作流程。	

任务三　种子包衣技术

实验实训一　种子种衣剂观察

实操实验

学习目标	种衣剂的分类；种衣剂的作用和特点；常用种衣剂的剂型和品种。	
材料设备准备	材料	市售各种种衣剂、玉米种子、烧杯、水、玻璃棒。
	工具设备	录像机、多媒体设备、照相机。
实施过程	1. 检查前一周到市场调查市面上种衣剂种类的记录； 2. 观察种衣剂活性成分和剂型； 3. 取 10 粒玉米种子放入种衣剂中，晾干后，倒入烧杯中加水搅拌，观察现象。	

知识拓展

种衣剂

实验实训二　种子包衣实训

实操实验

学习目标	种子包衣的方法；种子包衣机械和操作流程；人工种子包衣的方法。	
材料设备准备	材料	带盖大瓶子、天平、种衣剂、各种作物种子。
	工具设备	录像机、多媒体设备、照相机。
实施过程	1. 观察种子包衣作业视频； 2. 按比例称取种子和种衣剂； 3. 将两者倒入瓶内，盖上盖子； 4. 快速摇匀。	

知识拓展

种子包衣方法

实验实训三　种子包装观察

实操实验

学习目标		种子包装的作用；种子包装的要求；种子包装的材料；常用种子的包装容器和材料。
材料设备准备	材料	市售各种作物的种子。
	工具设备	录像机、多媒体设备、照相机。
实施过程		1. 检查前一周到市场调查市面上种子的记录； 2. 观察种子包装的材料、包装内种子的数量。

知识拓展

种子包装基本要求

项目小结

　　种子加工，是指种子脱粒、精选、干燥、分级、包衣、包装等机械化作业。种子加工业的发展是种子生产现代化的标志。清选、干燥是种子加工的初级阶段，任何国家的种子加工业都是从清选、干燥两道工序开始的，然后才发展到分级、拌药、包衣、丸粒化、计量、包装、运输等多种环节；一般先从单机作业开始，进而形成工厂化流水线作业。

　　种子加工往往要通过几道特定的工序才能得到满意的效果。常见的加工程序是预先准备、基本清选和精加工。常用种子加工工艺流程：预先准备——→初清——→干燥——→精选——→药物处理——→计量包装——→入库。

复习思考题

　　1. 种子清选和精选分级的概念。

　　2. 种子干燥的方法和影响因素。

　　3. 简述作物种子包衣的作用。

项目三 种子贮藏

学习目标

知识目标

种子寿命的概念；种子贮藏管理制度；种子贮藏原理。

能力目标

掌握防治害虫、控制发霉、预防结露的方法；掌握主要作物种子贮藏技术。

情感目标

增强种子质量安全责任感；具有团结协作、协调沟通能力。

知识准备

种子贮藏原理与技术

任务一 主要农作物种子贮藏技术

一、玉米种子贮藏技术

（一）玉米种子贮藏特点

呼吸旺盛，容易发热。玉米是大粒大胚种子，呼吸旺盛，因而易发热、易变质。

易酸败。玉米种子胚部脂肪含量高，如处于高温、高湿环境中就易产生游离脂肪酸，使酸度升高，影响种子的生活力。

易霉变。玉米种子胚部含较多的可溶性糖，玉米种子的皮又薄，所以它易生霉、易变质。

（二）玉米种子贮藏技术要点

籽粒贮藏。仓容利用率高，如仓库密闭性能好，种子处在低温干燥条件下，可以长期贮藏而不影响生活力。严格控制种子入库水分，入库后严防种子吸湿回潮。将干燥到安全水分以内的玉米种子采用冷天入仓，冷天将种子移出仓外，摊晾冰冻或冷天通风降温等方法处理后，再入仓贮藏。

二、小麦种子贮藏技术

（一）小麦种子贮藏特性

小麦种子具有较长的后熟期，在后熟过程中，呼吸旺盛，容易发生"出汗"现象，使种子堆上层吸湿回潮，引起发热、霉变。

小麦种子耐热性强，采用高温密闭贮藏，既能防治虫害，又能在一定时期内保持种子生活力。通过后熟期的麦种，抗热性降低。

小麦种子吸湿性强，易生虫，种皮较薄，组织松软，含有大量亲水物质，极易吸湿和感染仓虫。

小麦种子呼吸强度较大，随着种子含水量的增高，种子的呼吸强度随之增大，在麦类中，小麦的呼吸强度增高较快。

（二）小麦种子贮藏技术要点

严格控制种子的入库水分。小麦种子贮藏期限的长短，取决于种子水分、温度及贮藏设备的防潮性能。贮藏小麦种子，含水量在12%以下，种温不超过25℃为宜。

热进仓杀虫。利用小麦耐热性的特点，可采用热进仓杀虫，可以达到高温杀虫而不丧失种子发芽率的效果。具体做法：选择晴朗天气，将小麦进行曝晒，使其种温达46℃以上而不超过52℃，延续一定时间，使种子水分降到12%以下，然后迅速入库，密做好密闭保温工作，使热处理期间保持种温44℃以上，保持7—10天；但高温处理时间不宜过长，应及时散热降温，才能达到既不影响种子生活力又能达到杀虫的效果。

三、大豆种子贮藏技术

（一）大豆种子贮藏特性

吸湿性强。大豆的种皮较薄，种孔较大，对大气中水分子的吸附作用很强。所以大豆晒干以后，须在相对湿度70%以下的条件下贮藏。

易丧失生活力。大豆水分虽保持在9%—10%的水平，如果种温达25℃，仍很容易丧失生活力。种皮色泽也对大豆生活力产生影响，种皮色泽越深，其生活力越长久。

破损粒易生霉变质。大豆种子皮薄、粒大，干燥不当易损伤破碎。大豆在田间易受虫害和早霜影响，这些虫蚀粒、冻伤粒以及机械破损粒容易吸湿，引起大量的生霉变质。

导热性差。大豆含油较多，高温干燥或烈日曝晒，易影响生活力。

蛋白质易变性。大豆含有大量蛋白质，在高温高湿条件下，很容易老化变性。

（二）大豆种子贮藏技术要点

低温密闭。大豆由于导热性不良，在高温情况下又易引起红变，所以应低温密闭贮藏。一般可趁寒冬季节将大豆转仓或出仓冷冻，使种温充分下降后，再进仓密闭贮藏，最好表面加一层压盖物。有条件可将种子存入低温库。

充分干燥。长期安全贮藏的大豆水分须在12%以下，如超过13%，就有霉变的危险。大豆干燥以带荚为宜，收割后摊在晒场上铺晒2—3天，荚壳干透有部分爆裂，再行脱粒，这样可防止种皮裂开和皱缩。大豆入库后，如水分过高仍须进一步曝晒。在曝晒过程中，以不超过44—46℃为宜，而在较低温度下晾晒，更为安全稳妥；晒干后，应先摊开冷却，再分批入库。

及时倒仓过风散湿。新收获的大豆正值秋末冬初季节，气温逐步下降，大豆入库后，还需进行后熟作用，放出大量的湿热，如不及时散发，就会引起发热霉变。大豆入库3—4周后，应及时进行倒仓过风散湿，并结合过筛除杂，以防止出汗发热、霉变、红变等异常现象。

四、油菜种子贮藏技术

（一）油菜种子贮藏特性

通气性差，容易发热。油菜种子近似圆形，密度较大，一般在60%以上，不易向外散发热量。然而油菜种子的代谢作用又旺盛，放出的热量较多。经发热的种子不仅失去发芽率，同时含油量也迅速降低。

含油分多，易酸败。油菜种子的脂肪含量较高，一般在36%—42%。在贮藏过程中，脂肪中的不饱和脂肪酸会自动氧化成醛、酮等物质，发生酸败。

吸湿性。油菜种子种皮脆薄，组织疏松，且籽粒细小。油菜收获正近梅雨季节，很容易吸湿回潮，但是遇到干燥气候也容易释放水分。

（二）油菜种子贮藏技术要点

清除泥沙杂质。油菜种子入库前，应进行风选1次，以清除灰尘杂质及病菌之类，可增强贮藏期间的稳定性。

适时收获，及时干燥。油菜种子收获以在花薹上角果有70%—80%呈现黄色时为宜。脱粒后要及时干燥，摊晾冷却才可进仓，以防种子堆内部温度过高，发生干热现象。

低温贮藏。贮藏期间除水分须加控制外，种温也是一个重要因素，必须按季节严加控制，在夏季一般不宜超过28—30℃，春秋季不宜超过13—15℃，冬季不宜超过6—8℃，种温与仓温相差如超过3—5℃就应采取措施，进行通风降温。

严格控制入库水分。油菜种子水分控制在9%—10%，可保证安全，但如果当地特别高温多湿以及仓库条件较差，最好能将水分控制在9%以内。

合理堆放。油菜种子散装的高度应随水分多少而增减，堆高不高于2m，油菜种子如采用袋装贮藏法应尽可能堆成各种形式的通风桩。

值得注意的是各种蔬菜种子，在入库前可采用适宜型号的圆孔或长孔筛子，清除秸秆、泥沙、秕粒和杂质，也可用簸箕清除果皮、残叶及重量轻的干瘪种子，以提高种子净度。

任务二　认识种子贮藏场地

实验实训一　到本地种子企业实训

实操实验

学习目标	学会观察、分析、总结；学会调查报告写法；提高沟通协作能力。	
材料 设备准备	材料	实训基地各种作物种子生产田、育种材料。
	工具设备	录像机、多媒体设备、照相机。
实施过程	1. 按照季节安排农事操作。例如：到种子企业晒场、仓库。 2. 真实环境下观察种子贮藏状态。	

理论渗透

种子贮藏条件

种子在贮藏过程中，对其寿命起主要影响作用的是水分和温度，其次是光、气体、仓虫和微生物等。

（一）水分对种子寿命的影响

影响种子寿命的水分因素，包括种子本身含水量种贮藏环境的相对湿度两个方面。种子含水量愈高，呼吸作用愈强，贮藏物质的水解作用愈快，消耗的物质愈多，种子生活力丧失速度愈快。种子含水量是由贮藏环境的空气相对湿度决定的，而不是由绝对湿度（一定量的空气中含水蒸气的绝对量）决定的。空气相对湿度低，种子含水量也低，随着相对湿度升高，种子含水量也逐渐升高，直至出现游离水。当种子内出现游离水时，其种子含水量称为"临界水分"。种子一旦出现游离水，水解酶和呼吸酶的活动便异常旺盛起来，从而迅速引起种子生活力的丧失和变质。

（二）温度对种子寿命的影响

温度是影响种子新陈代谢作用的主要因素之一。种子处于低温状态下，其呼吸作用非常微弱，物质代谢水平缓慢，能量消耗极少，细胞内部的衰老变化也降低到最低程度，从而能长期保持种子生活力不衰而延长种子的寿命。相反，种子处于高温状态下，尤其是在种子含水量较高时，呼吸作用强烈，营养物质大量消耗，从而导致种子寿命大大地缩短。种子对于严寒和酷热的抵抗能力主要取决于细胞液的浓度。种子含水量愈低，细胞液抵抗冷热的能力愈强。若种子含水量很高而温度过低时，种子会受到冻害。所谓低温能延长种子寿命，是在种子含水量低的情况下进行冷藏的。

（三）化学物质对种子寿命的影响

为了杀死附生在种子上的害虫或微生物和清洁贮藏环境，经常用杀菌剂和杀虫剂处理种子和贮藏环境及贮藏设施，以达到安全贮藏种子，延长其寿命的目的。但是，有一些作物种子对杀菌剂和杀虫剂反应敏感而产生药害，种胚中毒而缩短种子寿命。因此，在应用化学药剂处理种子时，要十分注意药剂的浓度，在喷雾、熏蒸消毒后要及时通风换气，以免种胚中药害而死亡。

（四）O_2 和 CO_2 对种子寿命的影响

与种子呼吸作用关系最密切的气体是 O_2 和 CO_2。含水量很高的种子若处于密封的贮藏条件下，由于呼吸作用旺盛，很快就会把种子堆间隙内和环境中的氧气耗尽，并被迫转向缺氧呼吸，结果引起大量氧化不完全物质的积累，这些物质毒害种胚，导致种子迅速死亡。因此含水量高的种子，尤其是呼吸强度大的含油质多的蔬菜种子贮藏时，要特别注意贮藏环境的通风换气，并且绝对不能采用密封贮藏。如果是含水量不超过临界水分的干燥种子，由于呼吸作用非常微弱，对氧气的消耗很慢，即使在密封的条件下贮藏，也能保持种子寿命延长。种子贮藏在通风良好的即氧气充足的条件下，温度愈高，呼吸作用愈旺盛、生活力下降愈快。生产上为了有效地较长时间地保持种子生活力，除了创造干燥，低温的环境条件外，经常进行合理的密封和通风换气是非常必要的。

（五）光对种子寿命的影响

日照长短和光质对种子不但在种株上的形成、发育有其影响，并且在种子采收后的晾晒过程中，光对种子的寿命也有影响。例如，种子在采收后长时间的置于强烈阳光下曝晒，往往会降低种子的生活力，缩短种子寿命。这是因为强烈的日光能杀死种子胚部细胞的缘故。因此，采收后的种子，在晾晒时需要勤翻动或在通风弱光下晾晒风干。

（六）微生物、仓虫对种子寿命的影响

真菌、细菌以及各种仓虫的活动，大大增强种子的呼吸作用，加强了种子的生理代谢过程，消耗了种子维持生命和生存的贮藏营养物质，另外，被微生物和仓虫侵染的种子，其被危害的组织呼吸强度比健全的组织大得多，在贮藏物质被消耗的同时，又放出更多的热量和水分，从而又进一步促进了微生物和仓虫的活动和繁衍，如此的恶性循环，直接或间接地加速了种子的死亡。因此，在种子入库前，必须进行贮藏容器、贮藏环境和种子的彻底消毒，这也是延长种子寿命的重要技术措施之一。

项目小结

种子贮藏的目的是提高种子质量和商品质量，保证种子贮藏安全，延长种子的寿命，促进种子成苗，提高作物产量。

种子呼吸是种子贮藏期间的主要生理活动，能否控制好种子呼吸是关系到贮藏成败的主要问题。影响种子呼吸的因素是多方面的，除了水分和温度这两个主要因素外，其空气成分，种子质量情况（成熟度、净度等）以及种子微生物等也是不可忽视的因素。

复习思考题

1. 简述种子贮藏期间的管理制度和措施。

2. 如何防治种子仓库害虫？

3. 如何控制种子发霉？

4. 如何控制种子结露？

5. 如何预防种子发热？

模块五　种子法规

项目一　**《中华人民共和国种子法》（2021 修正版）**

学习目标

知识目标

了解《中华人民共和国种子法》（2021 修正版）（以下简称新《种子法》）修订背景和历程；理解新《种子法》修订的重大意义。

能力目标

了解新《种子法》具体条文；掌握新《种子法》修订内容。

情感目标

建立对种业知识产权的敬畏意识、保护意识，增强法律意识。

知识准备

《中华人民共和国种子法》
（2021 修正版）

新《种子法》条文解读

一、新《种子法》重点在于扩大植物新品种权的保护范围及保护环节

为加强植物新品种知识产权保护，维护品种权人的合法权益，借鉴国际通行做法，最新修改的种子法扩大了植物新品种权的保护范围及保护环节，将保护范围由授权品种的繁殖材料延伸到收获材料，将保护环节由生产、繁殖、销售扩展到生产、繁殖和为繁殖而进行处理、许诺销售、销售、进口、出口、储存等。

二、新增实质性派生品种制度

为激励育种原始创新，从源头上解决种子同质化严重问题，建立了实质性派生品种制度，明确实质性派生品种可以申请植物新品种权，并可以获得授权，但对其以商业为目的利用时，应当征得原始品种的植物新品种权所有人的同意。

三、加大假劣种子打击力度，完善侵权处罚赔偿和行政处罚制度

为提高对侵害植物新品种权行为的威慑力，新种子法加大了惩罚性赔偿数额。将生产经营假种子行为的有关罚款数额由"一万元以上十万元以下"提高到"五万元以上五十万元以下"；将生产经营劣种子行为的有关罚款数额由"五千元以上五万元以下"提高到"二万元以上十万元以下"。

四、加强种质资源保护

农业种质资源是保障国家粮食安全与重要农产品供给的战略性资源，是农业科技原始创新与现代种业发展的物质基础。修改后的种子法还在国家有计划地普查、收集、整理、鉴定、登记、保存、交流和利用种质资源这一条文中，专门提到重点收集珍稀、濒危、特有资源和特色地方品种。

理论渗透

一、新《种子法》的意义

《种子法》是为了保护和合理利用种质资源，规范品种选育、种子生产经营和管理行为，加强种业科学技术研究，鼓励育种创新，保护植物新品种权，维护种子生产经营者、使用者的合法权益，提高种子质量，发展现代种业，保障国家粮食安全，促进农业和林业的发展而制定的法律。

我国植物新品种的保护工作起步较晚，但发展较快。1997 年 3 月，我国制定并颁布了《中华人民共和国植物新品种保护条例》；1999 年 4 月，我国加入"国际植物新品种保护联盟"，成为其第 39 个成员国；2000 年 7 月，我国首次颁布《中华人民共和国种子法》，我国的植物新品种保护工作自此有了完整的法律保障体系。

二、新《种子法》修订背景

2021年7月9日，中央全面深化改革委员会第二十次会议审议通过了《种业振兴行动方案》，会议强调要把种源安全提升到关系国家安全的战略高度，要集中力量加强种业创新、解决关键问题、破除短板、突破瓶颈，实现资源与种业安全，并提出把修改《种子法》列为重点任务。

种业科技自立自强意义重大。我国种业原始创新动力不足，目前中国一些种子仍需要进口，审定品种比较多，但是突破性创新的品种较少，品种同质化问题较为突出。我国种质资源丰富，但主要为国内资源，国外资源占比仅占库存的不到1/4，在生物技术育种领域虽然处于全球优势地位，但在原始技术上仍然缺乏自主创新。

借鉴国际上成熟的经验。由于之前我国尚未建立实质性派生品种保护制度，一定程度导致我国原创性的主控品种较少，而商业修饰型的品种多，农作物品种普遍存在同质化问题。国际植物新品种保护联盟现共有78个成员，其中包括美国、澳大利亚、日本等在内的69个成员已经建立了实质性派生品种保护制度，他们在保护实质性派生品种方面积累了一些好的成熟的经验，为我国《种子法》修改实施提供了有益借鉴。

三、《种子法》修订历程

2000年7月8日第九届全国人民代表大会常务委员会第十六次会议通过；根据2004年8月28日第十届全国人民代表大会常务委员会第十一次会议《关于修改〈中华人民共和国种子法〉的决定》第一次修正；根据2013年6月29日第十二届全国人民代表大会常务委员会第三次会议《关于修改〈中华人民共和国文物保护法〉等十二部法律的决定》第二次修正；根据2015年11月4日第十二届全国人民代表大会常务委员会第十七次会议修订；根据2021年12月24日第十三届全国人民代表大会常务委员会第三十二次会议《关于修改〈中华人民共和国种子法〉的决定》第三次修正。

项目小结

本项目学习了新《种子法》的法律法规、条文解读。

通过本项目学习，理解新《种子法》，从种质资源保护、种子生产经营、种子监督管理、保障国家粮食安全等方面深入掌握新《种子法》。

复习思考题

1. 新《种子法》中所称种子的含义。

2. 什么是假种子、劣种子？

项目二 种子相关条例

学习目标

知识目标

了解制定《农业转基因生物安全管理条例》《中华人民共和国植物新品种保护条例》《植物检疫条例》等条例的目的及意义。

能力目标

了解《农业转基因生物安全管理条例》《中华人民共和国植物新品种保护条例》《植物检疫条例》条文及内容解读。

情感目标

能够对种子相关条例有一定的认识，增强法律意识，做合法合规的种子生产者与经营者。

知识准备

相关条例概述

任务一 《农业转基因生物安全管理条例》

（2001 年 5 月 23 日中华人民共和国国务院令第 304 号公布 根据 2011 年 1 月 8 日《国务院关于废止和修改部分行政法规的决定》第一次修订 根据 2017 年 10 月 7 日《国务院关于修改部分行政法规的决定》第二次修订）

第一章 总 则

第一条 为了加强农业转基因生物安全管理，保障人体健康和动植物、微生物安全，保护生态环境，促进农业转基因生物技术研究，制定本条例。

第二条 在中华人民共和国境内从事农业转基因生物的研究、试验、生产、加工、经营和进口、出口活动，必须遵守本条例。

第三条 本条例所称农业转基因生物，是指利用基因工程技术改变基因组构成，用于农业生产或者农产品加工的动植物、微生物及其产品，主要包括：

（一）转基因动植物（含种子、种畜禽、水产苗种）和微生物；

（二）转基因动植物、微生物产品；

（三）转基因农产品的直接加工品；

（四）含有转基因动植物、微生物或者其产品成份的种子、种畜禽、水产苗种、农药、兽药、肥料和添加剂等产品。

本条例所称农业转基因生物安全，是指防范农业转基因生物对人类、动植物、微生物和生态环境构成的危险或者潜在风险。

第四条 国务院农业行政主管部门负责全国农业转基因生物安全的监督管理工作。

县级以上地方各级人民政府农业行政主管部门负责本行政区域内的农业转基因生物安全的监督管理工作。

县级以上各级人民政府有关部门依照《中华人民共和国食品安全法》的有关规定，负责转基因食品安全的监督管理工作。

第五条 国务院建立农业转基因生物安全管理部际联席会议制度。

农业转基因生物安全管理部际联席会议由农业、科技、环境保护、卫生、外经贸、检验检疫等有关部门的负责人组成，负责研究、协调农业转基因生物安全管理工作中的重大问题。

第六条 国家对农业转基因生物安全实行分级管理评价制度。

农业转基因生物按照其对人类、动植物、微生物和生态环境的危险程度，分为Ⅰ、Ⅱ、Ⅲ、Ⅳ四个等级。具体划分标准由国务院农业行政主管部门制定。

第七条 国家建立农业转基因生物安全评价制度。

农业转基因生物安全评价的标准和技术规范，由国务院农业行政主管部门制定。

第八条 国家对农业转基因生物实行标识制度。

实施标识管理的农业转基因生物目录，由国务院农业行政主管部门商国务院有关部门制定、调整并公布。

第二章 研究与试验

第九条 国务院农业行政主管部门应当加强农业转基因生物研究与试验的安全评价管理工作，并设立农业转基因生物安全委员会，负责农业转基因生物的安全评价工作。

农业转基因生物安全委员会由从事农业转基因生物研究、生产、加工、检验检疫以及卫生、环境保护等方面的专家组成。

第十条 国务院农业行政主管部门根据农业转基因生物安全评价工作的需要，可以委托具备检测条件和能力的技术检测机构对农业转基因生物进行检测。

第十一条 从事农业转基因生物研究与试验的单位，应当具备与安全等级相适应的安全设施和措施，确保农业转基因生物研究与试验的安全，并成立农业转基因生物安全小组，负责本单位农业转基因生物研究与试验的安全工作。

第十二条 从事Ⅲ、Ⅳ级农业转基因生物研究的，应当在研究开始前向国务院农业行政主管部门报告。

第十三条 农业转基因生物试验，一般应当经过中间试验、环境释放和生产性试验三个阶段。

中间试验，是指在控制系统内或者控制条件下进行的小规模试验。

环境释放，是指在自然条件下采取相应安全措施所进行的中规模的试验。

生产性试验，是指在生产和应用前进行的较大规模的试验。

第十四条 农业转基因生物在实验室研究结束后，需要转入中间试验的，试验单位应当向国务院农业行政主管部门报告。

第十五条 农业转基因生物试验需要从上一试验阶段转入下一试验阶段的，试验单位应当向国务院农业行政主管部门提出申请；经农业转基因生物安全委员会进行安全评价合格的，由国务院农业行政主管部门批准转入下一试验阶段。

试验单位提出前款申请，应当提供下列材料：

（一）农业转基因生物的安全等级和确定安全等级的依据；

（二）农业转基因生物技术检测机构出具的检测报告；

（三）相应的安全管理、防范措施；

（四）上一试验阶段的试验报告。

第十六条 从事农业转基因生物试验的单位在生产性试验结束后，可以向国务院农业行政主管部门申请领取农业转基因生物安全证书。

试验单位提出前款申请，应当提供下列材料：

（一）农业转基因生物的安全等级和确定安全等级的依据；

（二）生产性试验的总结报告；

（三）国务院农业行政主管部门规定的试验材料、检测方法等其他材料。

国务院农业行政主管部门收到申请后，应当委托具备检测条件和能力的技术检测机构进行检测，并组织农业转基因生物安全委员会进行安全评价；安全评价合格的，方可颁发农业转基因生物安全证书。

第十七条 转基因植物种子、种畜禽、水产苗种，利用农业转基因生物生产的或者含有农业转基因生物成份的种子、种畜禽、水产苗种、农药、兽药、肥料和添加剂等，在依照有关法律、行政法规的规定进行审定、登记或者评价、审批前，应当依照本条例第十六条的规定取得农业转基因生物安全证书。

第十八条 中外合作、合资或者外方独资在中华人民共和国境内从事农业转基因生物研究与试验的，应当经国务院农业行政主管部门批准。

第三章 生产与加工

第十九条 生产转基因植物种子、种畜禽、水产苗种，应当取得国务院农业行政主管部门颁发的种子、种畜禽、水产苗种生产许可证。

生产单位和个人申请转基因植物种子、种畜禽、水产苗种生产许可证，除应当符合有关法律、行政法规规定的条件外，还应当符合下列条件：

（一）取得农业转基因生物安全证书并通过品种审定；

（二）在指定的区域种植或者养殖；

（三）有相应的安全管理、防范措施；

（四）国务院农业行政主管部门规定的其他条件。

第二十条 生产转基因植物种子、种畜禽、水产苗种的单位和个人，应当建立生产档案，载明生产地点、基因及其来源、转基因的方法以及种子、种畜禽、水产苗种流向等内容。

第二十一条 单位和个人从事农业转基因生物生产、加工的，应当由国务院农业行政主管部门或者省、自治区、直辖市人民政府农业行政主管部门批准。具体办法由国务院农业行政主管部门制定。

第二十二条 从事农业转基因生物生产、加工的单位和个人，应当按照批准的品种、范围、安全管理要求和相应的技术标准组织生产、加工，并定期向所在地县级人民政府农业行政主管部门提供生产、加工、安全管理情况和产品流向的报告。

第二十三条 农业转基因生物在生产、加工过程中发生基因安全事故时，生产、加工单位和个人应当立即采取安全补救措施，并向所在地县级人民政府农业行政主管部门报告。

第二十四条 从事农业转基因生物运输、贮存的单位和个人，应当采取与农业转基因生物安全等级相适应的安全控制措施，确保农业转基因生物运输、贮存的安全。

第四章 经 营

第二十五条 经营转基因植物种子、种畜禽、水产苗种的单位和个人，应当取得国务院农业行政主管部门颁发的种子、种畜禽、水产苗种经营许可证。

经营单位和个人申请转基因植物种子、种畜禽、水产苗种经营许可证，除应当符合有关法律、行政法规规定的条件外，还应当符合下列条件：

（一）有专门的管理人员和经营档案；

（二）有相应的安全管理、防范措施；

（三）国务院农业行政主管部门规定的其他条件。

第二十六条 经营转基因植物种子、种畜禽、水产苗种的单位和个人，应当建立经营档案，载明种子、种畜禽、水产苗种的来源、贮存、运输和销售去向等内容。

第二十七条 在中华人民共和国境内销售列入农业转基因生物目录的农业转基因生物，应当有明显的标识。

列入农业转基因生物目录的农业转基因生物，由生产、分装单位和个人负责标识；未标识的，不得销售。经营单位和个人在进货时，应当对货物和标识进行核对。经营单位和个人拆开原包装进行销售的，应当重新标识。

第二十八条 农业转基因生物标识应当载明产品中含有转基因成份的主要原料名称；有特殊销售范围要求的，还应当载明销售范围，并在指定范围内销售。

第二十九条 农业转基因生物的广告，应当经国务院农业行政主管部门审查批准后，方可刊登、播放、设置和张贴。

第五章 进口与出口

第三十条 从中华人民共和国境外引进农业转基因生物用于研究、试验的，引进单位应当向国务院农业行政主管部门提出申请；符合下列条件的，国务院农业行政主管部门方可批准：

（一）具有国务院农业行政主管部门规定的申请资格；

（二）引进的农业转基因生物在国（境）外已经进行了相应的研究、试验；

（三）有相应的安全管理、防范措施。

第三十一条 境外公司向中华人民共和国出口转基因植物种子、种畜禽、水产苗种和利用农业转基因生物生产的或者含有农业转基因生物成份的植物种子、种畜禽、水产苗种、农药、兽药、肥料和添加剂的，应当向国务院农业行政主管部门提出申请；

符合下列条件的，国务院农业行政主管部门方可批准试验材料入境并依照本条例的规定进行中间试验、环境释放和生产性试验：

（一）输出国家或者地区已经允许作为相应用途并投放市场；

（二）输出国家或者地区经过科学试验证明对人类、动植物、微生物和生态环境无害；

（三）有相应的安全管理、防范措施。

生产性试验结束后，经安全评价合格，并取得农业转基因生物安全证书后，方可依照有关法律、行政法规的规定办理审定、登记或者评价、审批手续。

第三十二条　境外公司向中华人民共和国出口农业转基因生物用作加工原料的，应当向国务院农业行政主管部门提出申请，提交国务院农业行政主管部门要求的试验材料、检测方法等材料；符合下列条件，经国务院农业行政主管部门委托的、具备检测条件和能力的技术检测机构检测确认对人类、动植物、微生物和生态环境不存在危险，并经安全评价合格的，由国务院农业行政主管部门颁发农业转基因生物安全证书：

（一）输出国家或者地区已经允许作为相应用途并投放市场；

（二）输出国家或者地区经过科学试验证明对人类、动植物、微生物和生态环境无害；

（三）有相应的安全管理、防范措施。

第三十三条　从中华人民共和国境外引进农业转基因生物的，或者向中华人民共和国出口农业转基因生物的，引进单位或者境外公司应当凭国务院农业行政主管部门颁发的农业转基因生物安全证书和相关批准文件，向口岸出入境检验检疫机构报检；经检疫合格后，方可向海关申请办理有关手续。

第三十四条　农业转基因生物在中华人民共和国过境转移的，应当遵守中华人民共和国有关法律、行政法规的规定。

第三十五条　国务院农业行政主管部门应当自收到申请人申请之日起 270 日内作出批准或者不批准的决定，并通知申请人。

第三十六条　向中华人民共和国境外出口农产品，外方要求提供非转基因农产品证明的，由口岸出入境检验检疫机构根据国务院农业行政主管部门发布的转基因农产品信息，进行检测并出具非转基因农产品证明。

第三十七条　进口农业转基因生物，没有国务院农业行政主管部门颁发的农业转基因生物安全证书和相关批准文件的，或者与证书、批准文件不符的，作退货或者销毁处理。进口农业转基因生物不按照规定标识的，重新标识后方可入境。

第六章　监督检查

第三十八条　农业行政主管部门履行监督检查职责时，有权采取下列措施：

（一）询问被检查的研究、试验、生产、加工、经营或者进口、出口的单位和个人、利害关系人、证明人，并要求其提供与农业转基因生物安全有关的证明材料或者其他资料；

（二）查阅或者复制农业转基因生物研究、试验、生产、加工、经营或者进口、出口的有关档案、账册和资料等；

（三）要求有关单位和个人就有关农业转基因生物安全的问题作出说明；

（四）责令违反农业转基因生物安全管理的单位和个人停止违法行为；

（五）在紧急情况下，对非法研究、试验、生产、加工、经营或者进口、出口的农业转基因生物实施封存或者扣押。

第三十九条　农业行政主管部门工作人员在监督检查时，应当出示执法证件。

第四十条　有关单位和个人对农业行政主管部门的监督检查，应当予以支持、配合，不得拒绝、阻碍监督检查人员依法执行职务。

第四十一条　发现农业转基因生物对人类、动植物和生态环境存在危险时，国务院农业行政主管部门有权宣布禁止生产、加工、经营和进口，收回农业转基因生物安全证书，销毁有关存在危险的农业转基因生物。

第七章　罚　则

第四十二条　违反本条例规定，从事Ⅲ、Ⅳ级农业转基因生物研究或者进行中间试验，未向国务院农业行政主管部门报告的，由国务院农业行政主管部门责令暂停研究或者中间试验，限期改正。

第四十三条　违反本条例规定，未经批准擅自从事环境释放、生产性试验的，已获批准但未按照规定采取安全管理、防范措施的，或者超过批准范围进行试验的，由国务院农业行政主管部门或者省、自治区、直辖市人民政府农业行政主管部门依据职权，责令停止试验，并处1万元以上5万元以下的罚款。

第四十四条　违反本条例规定，在生产性试验结束后，未取得农业转基因生物安全证书，擅自将农业转基因生物投入生产和应用的，由国务院农业行政主管部门责令停止生产和应用，并处2万元以上10万元以下的罚款。

第四十五条　违反本条例第十八条规定，未经国务院农业行政主管部门批准，从事农业转基因生物研究与试验的，由国务院农业行政主管部门责令立即停止研究与试验，限期补办审批手续。

第四十六条　违反本条例规定，未经批准生产、加工农业转基因生物或者未按照批准的品种、范围、安全管理要求和技术标准生产、加工的，由国务院农业行政主管部门或者省、自治区、直辖市人民政府农业行政主管部门依据职权，责令停止生产或者加工，没收违法生产或者加工的产品及违法所得；违法所得 10 万元以上的，并处违法所得 1 倍以上 5 倍以下的罚款；没有违法所得或者违法所得不足 10 万元的，并处 10 万元以上 20 万元以下的罚款。

第四十七条　违反本条例规定，转基因植物种子、种畜禽、水产苗种的生产、经营单位和个人，未按照规定制作、保存生产、经营档案的，由县级以上人民政府农业行政主管部门依据职权，责令改正，处 1000 元以上 1 万元以下的罚款。

第四十八条　违反本条例规定，未经国务院农业行政主管部门批准，擅自进口农业转基因生物的，由国务院农业行政主管部门责令停止进口，没收已进口的产品和违法所得；违法所得 10 万元以上的，并处违法所得 1 倍以上 5 倍以下的罚款；没有违法所得或者违法所得不足 10 万元的，并处 10 万元以上 20 万元以下的罚款。

第四十九条　违反本条例规定，进口、携带、邮寄农业转基因生物未向口岸出入境检验检疫机构报检的，由口岸出入境检验检疫机构比照进出境动植物检疫法的有关规定处罚。

第五十条　违反本条例关于农业转基因生物标识管理规定的，由县级以上人民政府农业行政主管部门依据职权，责令限期改正，可以没收非法销售的产品和违法所得，并可以处 1 万元以上 5 万元以下的罚款。

第五十一条　假冒、伪造、转让或者买卖农业转基因生物有关证明文书的，由县级以上人民政府农业行政主管部门依据职权，收缴相应的证明文书，并处 2 万元以上 10 万元以下的罚款；构成犯罪的，依法追究刑事责任。

第五十二条　违反本条例规定，在研究、试验、生产、加工、贮存、运输、销售或者进口、出口农业转基因生物过程中发生基因安全事故，造成损害的，依法承担赔偿责任。

第五十三条　国务院农业行政主管部门或者省、自治区、直辖市人民政府农业行政主管部门违反本条例规定核发许可证、农业转基因生物安全证书以及其他批准文件的，或者核发许可证、农业转基因生物安全证书以及其他批准文件后不履行监督管理职责的，对直接负责的主管人员和其他直接责任人员依法给予行政处分；构成犯罪的，依法追究刑事责任。

第八章　附　则

第五十四条　本条例自公布之日起施行。

任务二 《中华人民共和国植物新品种保护条例》

（1997 年 3 月 20 日中华人民共和国国务院令第 213 号公布 根据 2013 年 1 月 31 日中华人民共和国国务院令第 635 号《国务院关于修改〈中华人民共和国植物新品种保护条例〉的决定》第一次修正 根据 2014 年 7 月 29 日中华人民共和国国务院令第 653 号《国务院关于修改部分行政法规的决定》第二次修正）

第一章 总 则

第一条 为了保护植物新品种权，鼓励培育和使用植物新品种，促进农业、林业的发展，制定本条例。

第二条 本条例所称植物新品种，是指经过人工培育的或者对发现的野生植物加以开发，具备新颖性、特异性、一致性和稳定性并有适当命名的植物品种。

第三条 国务院农业、林业行政部门（以下统称审批机关）按照职责分工共同负责植物新品种权申请的受理和审查并对符合本条例规定的植物新品种授予植物新品种权（以下称品种权）。

第四条 完成关系国家利益或者公共利益并有重大应用价值的植物新品种育种的单位或者个人，由县级以上人民政府或者有关部门给予奖励。

第五条 生产、销售和推广被授予品种权的植物新品种（以下称授权品种），应当按照国家有关种子的法律、法规的规定审定。

第二章 品种权的内容和归属

第六条 完成育种的单位或者个人对其授权品种，享有排他的独占权。任何单位或者个人未经品种权所有人（以下称品种权人）许可，不得为商业目的生产或者销售该授权品种的繁殖材料，不得为商业目的将该授权品种的繁殖材料重复使用于生产另一品种的繁殖材料；但是，本条例另有规定的除外。

第七条 执行本单位的任务或者主要是利用本单位的物质条件所完成的职务育种，植物新品种的申请权属于该单位；非职务育种，植物新品种的申请权属于完成育种的个人。申请被批准后，品种权属于申请人。

委托育种或者合作育种，品种权的归属由当事人在合同中约定；没有合同约定的，品种权属于受委托完成或者共同完成育种的单位或者个人。

第八条 一个植物新品种只能授予一项品种权。两个以上的申请人分别就同一个植物新品种申请品种权的，品种权授予最先申请的人；同时申请的，品种权授予最先完成该植物新品种育种的人。

第九条　植物新品种的申请权和品种权可以依法转让。

中国的单位或者个人就其在国内培育的植物新品种向外国人转让申请权或者品种权的，应当经审批机关批准。

国有单位在国内转让申请权或者品种权的，应当按照国家有关规定报经有关行政主管部门批准。

转让申请权或者品种权的，当事人应当订立书面合同，并向审批机关登记，由审批机关予以公告。

第十条　在下列情况下使用授权品种的，可以不经品种权人许可，不向其支付使用费，但是不得侵犯品种权人依照本条例享有的其他权利：

（一）利用授权品种进行育种及其他科研活动；

（二）农民自繁自用授权品种的繁殖材料。

第十一条　为了国家利益或者公共利益，审批机关可以作出实施植物新品种强制许可的决定，并予以登记和公告。

取得实施强制许可的单位或者个人应当付给品种权人合理的使用费，其数额由双方商定；双方不能达成协议的，由审批机关裁决。

品种权人对强制许可决定或者强制许可使用费的裁决不服的，可以自收到通知之日起3个月内向人民法院提起诉讼。

第十二条　不论授权品种的保护期是否届满，销售该授权品种应当使用其注册登记的名称。

第三章　授予品种权的条件

第十三条　申请品种权的植物新品种应当属于国家植物品种保护名录中列举的植物的属或者种。植物品种保护名录由审批机关确定和公布。

第十四条　授予品种权的植物新品种应当具备新颖性。新颖性，是指申请品种权的植物新品种在申请日前该品种繁殖材料未被销售，或者经育种者许可，在中国境内销售该品种繁殖材料未超过1年；在中国境外销售藤本植物、林木、果树和观赏树木品种繁殖材料未超过6年，销售其他植物品种繁殖材料未超过4年。

第十五条　授予品种权的植物新品种应当具备特异性。特异性，是指申请品种权的植物新品种应当明显区别于在递交申请以前已知的植物品种。

第十六条　授予品种权的植物新品种应当具备一致性。一致性，是指申请品种权的植物新品种经过繁殖，除可以预见的变异外，其相关的特征或者特性一致。

第十七条 授予品种权的植物新品种应当具备稳定性。稳定性，是指申请品种权的植物新品种经过反复繁殖后或者在特定繁殖周期结束时，其相关的特征或者特性保持不变。

第十八条 授予品种权的植物新品种应当具备适当的名称，并与相同或者相近的植物属或者种中已知品种的名称相区别。该名称经注册登记后即为该植物新品种的通用名称。

下列名称不得用于品种命名：

（一）仅以数字组成的；

（二）违反社会公德的；

（三）对植物新品种的特征、特性或者育种者的身份等容易引起误解的。

第四章　品种权的申请和受理

第十九条 中国的单位和个人申请品种权的，可以直接或者委托代理机构向审批机关提出申请。

中国的单位和个人申请品种权的植物新品种涉及国家安全或者重大利益需要保密的，应当按照国家有关规定办理。

第二十条 外国人、外国企业或者外国其他组织在中国申请品种权的，应当按其所属国和中华人民共和国签订的协议或者共同参加的国际条约办理，或者根据互惠原则，依照本条例办理。

第二十一条 申请品种权的，应当向审批机关提交符合规定格式要求的请求书、说明书和该品种的照片。

申请文件应当使用中文书写。

第二十二条 审批机关收到品种权申请文件之日为申请日；申请文件是邮寄的，以寄出的邮戳日为申请日。

第二十三条 申请人自在外国第一次提出品种权申请之日起 12 个月内，又在中国就该植物新品种提出品种权申请的，依照该外国同中华人民共和国签订的协议或者共同参加的国际条约，或者根据相互承认优先权的原则，可以享有优先权。

申请人要求优先权的，应当在申请时提出书面说明，并在 3 个月内提交经原受理机关确认的第一次提出的品种权申请文件的副本；未依照本条例规定提出书面说明或者提交申请文件副本的，视为未要求优先权。

第二十四条 对符合本条例第二十一条规定的品种权申请，审批机关应当予以受理，明确申请日、给予申请号，并自收到申请之日起 1 个月内通知申请人缴纳申请费。

对不符合或者经修改仍不符合本条例第二十一条规定的品种权申请，审批机关不予受理，并通知申请人。

第二十五条　申请人可以在品种权授予前修改或者撤回品种权申请。

第二十六条　中国的单位或者个人将国内培育的植物新品种向国外申请品种权的，应当按照职责分工向省级人民政府农业、林业行政部门登记。

第五章　品种权的审查与批准

第二十七条　申请人缴纳申请费后，审批机关对品种权申请的下列内容进行初步审查：

（一）是否属于植物品种保护名录列举的植物属或者种的范围；

（二）是否符合本条例第二十条的规定；

（三）是否符合新颖性的规定；

（四）植物新品种的命名是否适当。

第二十八条　审批机关应当自受理品种权申请之日起 6 个月内完成初步审查。对经初步审查合格的品种权申请，审批机关予以公告，并通知申请人在 3 个月内缴纳审查费。

对经初步审查不合格的品种权申请，审批机关应当通知申请人在 3 个月内陈述意见或者予以修正；逾期未答复或者修正后仍然不合格的，驳回申请。

第二十九条　申请人按照规定缴纳审查费后，审批机关对品种权申请的特异性、一致性和稳定性进行实质审查。

申请人未按照规定缴纳审查费的，品种权申请视为撤回。

第三十条　审批机关主要依据申请文件和其他有关书面材料进行实质审查。审批机关认为必要时，可以委托指定的测试机构进行测试或者考察业已完成的种植或者其他试验的结果。

因审查需要，申请人应当根据审批机关的要求提供必要的资料和该植物新品种的繁殖材料。

第三十一条　对经实质审查符合本条例规定的品种权申请，审批机关应当作出授予品种权的决定，颁发品种权证书，并予以登记和公告。

对经实质审查不符合本条例规定的品种权申请，审批机关予以驳回，并通知申请人。

第三十二条　审批机关设立植物新品种复审委员会。

对审批机关驳回品种权申请的决定不服的，申请人可以自收到通知之日起 3 个月内，向植物新品种复审委员会请求复审。植物新品种复审委员会应当自收到复审请求书之日起 6 个月内作出决定，并通知申请人。

申请人对植物新品种复审委员会的决定不服的，可以自接到通知之日起 15 日内向人民法院提起诉讼。

第三十三条 品种权被授予后，在自初步审查合格公告之日起至被授予品种权之日止的期间，对未经申请人许可，为商业目的生产或者销售该授权品种的繁殖材料的单位和个人，品种权人享有追偿的权利。

第六章 期限、终止和无效

第三十四条 品种权的保护期限，自授权之日起，藤本植物、林木、果树和观赏树木为 20 年，其他植物为 15 年。

第三十五条 品种权人应当自被授予品种权的当年开始缴纳年费，并且按照审批机关的要求提供用于检测的该授权品种的繁殖材料。

第三十六条 有下列情形之一的，品种权在其保护期限届满前终止：

（一）品种权人以书面声明放弃品种权的；

（二）品种权人未按照规定缴纳年费的；

（三）品种权人未按照审批机关的要求提供检测所需的该授权品种的繁殖材料的；

（四）经检测该授权品种不再符合被授予品种权时的特征和特性的。

品种权的终止，由审批机关登记和公告。

第三十七条 自审批机关公告授予品种权之日起，植物新品种复审委员会可以依据职权或者依据任何单位或者个人的书面请求，对不符合本条例第十四条、第十五条、第十六条和第十七条规定的，宣告品种权无效；对不符合本条例第十八条规定的，予以更名。宣告品种权无效或者更名的决定，由审批机关登记和公告，并通知当事人。

对植物新品种复审委员会的决定不服的，可以自收到通知之日起 3 个月内向人民法院提起诉讼。

第三十八条 被宣告无效的品种权视为自始不存在。

宣告品种权无效的决定，对在宣告前人民法院作出并已执行的植物新品种侵权的判决、裁定，省级以上人民政府农业、林业行政部门作出并已执行的植物新品种侵权处理决定，以及已经履行的植物新品种实施许可合同和植物新品种权转让合同，不具有追溯力；但是，因品种权人的恶意给他人造成损失的，应当给予合理赔偿。

依照前款规定，品种权人或者品种权转让人不向被许可实施人或者受让人返还使用费或者转让费，明显违反公平原则的，品种权人或者品种权转让人应当向被许可实施人或者受让人返还全部或者部分使用费或者转让费。

第七章 罚 则

第三十九条 未经品种权人许可，以商业目的生产或者销售授权品种的繁殖材料的，品种权人或者利害关系人可以请求省级以上人民政府农业、林业行政部门依据各自的职权进行处理，也可以直接向人民法院提起诉讼。

省级以上人民政府农业、林业行政部门依据各自的职权，根据当事人自愿的原则，对侵权所造成的损害赔偿可以进行调解。调解达成协议的，当事人应当履行；调解未达成协议的，品种权人或者利害关系人可以依照民事诉讼程序向人民法院提起诉讼。

省级以上人民政府农业、林业行政部门依据各自的职权处理品种权侵权案件时，为维护社会公共利益，可以责令侵权人停止侵权行为，没收违法所得和植物品种繁殖材料；货值金额 5 万元以上的，可处货值金额 1 倍以上 5 倍以下的罚款；没有货值金额或者货值金额 5 万元以下的，根据情节轻重，可处 25 万元以下的罚款。

第四十条　假冒授权品种的，由县级以上人民政府农业、林业行政部门依据各自的职权责令停止假冒行为，没收违法所得和植物品种繁殖材料；货值金额 5 万元以上的，处货值金额 1 倍以上 5 倍以下的罚款；没有货值金额或者货值金额 5 万元以下的，根据情节轻重，处 25 万元以下的罚款；情节严重，构成犯罪的，依法追究刑事责任。

第四十一条　省级以上人民政府农业、林业行政部门依据各自的职权在查处品种权侵权案件和县级以上人民政府农业、林业行政部门依据各自的职权在查处假冒授权品种案件时，根据需要，可以封存或者扣押与案件有关的植物品种的繁殖材料，查阅、复制或者封存与案件有关的合同、账册及有关文件。

第四十二条　销售授权品种未使用其注册登记的名称的，由县级以上人民政府农业、林业行政部门依据各自的职权责令限期改正，可以处 1000 元以下的罚款。

第四十三条　当事人就植物新品种的申请权和品种权的权属发生争议的，可以向人民法院提起诉讼。

第四十四条　县级以上人民政府农业、林业行政部门的及有关部门的工作人员滥用职权、玩忽职守、徇私舞弊、索贿受贿，构成犯罪的，依法追究刑事责任；尚不构成犯罪的，依法给予行政处分。

第八章　附　则

第四十五条　审批机关可以对本条例施行前首批列入植物品种保护名录的和本条例施行后新列入植物品种保护名录的植物属或者种的新颖性要求作出变通性规定。

第四十六条　本条例自 1997 年 10 月 1 日起施行。

任务三 《植物检疫条例》

（1983 年 1 月 3 日国务院发布 根据 1992 年 5 月 13 日《国务院关于修改〈植物检疫条例〉的决定》第一次修订 根据 2017 年 10 月 7 日《国务院关于修改部分行政法规的决定》第二次修订）

第一条 为了防止危害植物的危险性病、虫、杂草传播蔓延，保护农业、林业生产安全，制定本条例。

第二条 国务院农业主管部门、林业主管部门主管全国的植物检疫工作，各省、自治区、直辖市农业主管部门、林业主管部门主管本地区的植物检疫工作。

第三条 县级以上地方各级农业主管部门、林业主管部门所属的植物检疫机构，负责执行国家的植物检疫任务。

植物检疫人员进入车站、机场、港口、仓库以及其他有关场所执行植物检疫任务，应穿着检疫制服和佩带检疫标志。

第四条 凡局部地区发生的危险性大、能随植物及其产品传播的病、虫、杂草，应定为植物检疫对象。农业、林业植物检疫对象和应施检疫的植物、植物产品名单，由国务院农业主管部门、林业主管部门制定。各省、自治区、直辖市农业主管部门、林业主管部门可以根据本地区的需要，制定本省、自治区、直辖市的补充名单，并报国务院农业主管部门、林业主管部门备案。

第五条 局部地区发生植物检疫对象的，应划为疫区，采取封锁、消灭措施，防止植物检疫对象传出；发生地区已比较普遍的，则应将未发生地区划为保护区，防止植物检疫对象传入。

疫区应根据植物检疫对象的传播情况、当地的地理环境、交通状况以及采取封锁、消灭措施的需要来划定，其范围应严格控制。

在发生疫情的地区，植物检疫机构可以派人参加当地的道路联合检查站或者木材检查站；发生特大疫情时，经省、自治区、直辖市人民政府批准，可以设立植物检疫检查站，开展植物检疫工作。

第六条 疫区和保护区的划定，由省、自治区、直辖市农业主管部门、林业主管部门提出，报省、自治区、直辖市人民政府批准，并报国务院农业主管部门、林业主管部门备案。

疫区和保护区的范围涉及两省、自治区、直辖市以上的，由有关省、自治区、直辖市农业主管部门、林业主管部门共同提出，报国务院农业主管部门、林业主管部门批准后划定。

疫区、保护区的改变和撤销的程序，与划定时同。

第七条　调运植物和植物产品，属于下列情况的，必须经过检疫：

（一）列入应施检疫的植物、植物产品名单的，运出发生疫情的县级行政区域之前，必须经过检疫；

（二）凡种子、苗木和其他繁殖材料，不论是否列入应施检疫的植物、植物产品名单和运往何地，在调运之前，都必须经过检疫。

第八条　按照本条例第七条的规定必须检疫的植物和植物产品，经检疫未发现植物检疫对象的，发给植物检疫证书。发现有植物检疫对象，但能彻底消毒处理的，托运人应按植物检疫机构的要求，在指定地点作消毒处理，经检查合格后发给植物检疫证书；无法消毒处理的，应停止调运。

植物检疫证书的格式由国务院农业主管部门、林业主管部门制定。

对可能被植物检疫对象污染的包装材料、运载工具、场地、仓库等，也应实施检疫。如已被污染，托运人应按植物检疫机构的要求处理。

因实施检疫需要的车船停留、货物搬运、开拆、取样、储存、消毒处理等费用，由托运人负责。

第九条　按照本条例第七条的规定必须检疫的植物和植物产品，交通运输部门和邮政部门一律凭植物检疫证书承运或收寄。植物检疫证书应随货运寄。具体办法由国务院农业主管部门、林业主管部门会同铁道、交通、民航、邮政部门制定。

第十条　省、自治区、直辖市间调运本条例第七条规定必须经过检疫的植物和植物产品的，调入单位必须事先征得所在地的省、自治区、直辖市植物检疫机构同意，并向调出单位提出检疫要求；调出单位必须根据该检疫要求向所在地的省、自治区、直辖市植物检疫机构申请检疫。对调入的植物和植物产品，调入单位所在地的省、自治区、直辖市的植物检疫机构应当查验检疫证书，必要时可以复检。

省、自治区、直辖市内调运植物和植物产品的检疫办法，由省、自治区、直辖市人民政府规定。

第十一条　种子、苗木和其他繁殖材料的繁育单位，必须有计划地建立无植物检疫对象的种苗繁育基地、母树林基地。试验、推广的种子、苗木和其他繁殖材料，不得带有植物检疫对象。植物检疫机构应实施产地检疫。

第十二条　从国外引进种子、苗木，引进单位应当向所在地的省、自治区、直辖市植物检疫机构提出申请，办理检疫审批手续。但是，国务院有关部门所属的在京单位从国外引进种子、苗木，应当向国务院农业主管部门、林业主管部门所属的植物检疫机构提出申请，办理检疫审批手续。具体办法由国务院农业主管部门、林业主管部门制定。

从国外引进、可能潜伏有危险性病、虫的种子、苗木和其他繁殖材料，必须隔离试种，植物检疫机构应进行调查、观察和检疫，证明确实不带危险性病、虫的，方可分散种植。

第十三条 农林院校和试验研究单位对植物检疫对象的研究，不得在检疫对象的非疫区进行。因教学、科研确需在非疫区进行时，应当遵守国务院农业主管部门、林业主管部门的规定。

第十四条 植物检疫机构对于新发现的检疫对象和其他危险性病、虫、杂草，必须及时查清情况，立即报告省、自治区、直辖市农业主管部门、林业主管部门，采取措施，彻底消灭，并报告国务院农业主管部门、林业主管部门。

第十五条 疫情由国务院农业主管部门、林业主管部门发布。

第十六条 按照本条例第五条第 款和第十四条的规定，进行疫情调查和采取消灭措施所需的紧急防治费和补助费，由省、自治区、直辖市在每年的植物保护费、森林保护费或者国营农场生产费中安排。特大疫情的防治费，国家酌情给予补助。

第十七条 在植物检疫工作中作出显著成绩的单位和个人，由人民政府给予奖励。

第十八条 有下列行为之一的，植物检疫机构应当责令纠正，可以处以罚款；造成损失的，应当负责赔偿；构成犯罪的，由司法机关依法追究刑事责任：

（一）未依照本条例规定办理植物检疫证书或者在报检过程中弄虚作假的；

（二）伪造、涂改、买卖、转让植物检疫单证、印章、标志、封识的；

（三）未依照本条例规定调运、隔离试种或者生产应施检疫的植物、植物产品的；

（四）违反本条例规定，擅自开拆植物、植物产品包装，调换植物、植物产品，或者擅自改变植物、植物产品的规定用途的；

（五）违反本条例规定，引起疫情扩散的。

有前款第（一）（二）（三）（四）项所列情形之一，尚不构成犯罪的，植物检疫机构可以没收非法所得。

对违反本条例规定调运的植物和植物产品，植物检疫机构有权予以封存、没收、销毁或者责令改变用途。销毁所需费用由责任人承担。

第十九条 植物检疫人员在植物检疫工作中，交通运输部门和邮政部门有关工作人员在植物、植物产品的运输、邮寄工作中，徇私舞弊、玩忽职守的，由其所在单位或者上级主管机关给予行政处分；构成犯罪的，由司法机关依法追究刑事责任。

第二十条 当事人对植物检疫机构的行政处罚决定不服的，可以自接到处罚决定通知书之日起十五日内，向作出行政处罚决定的植物检疫机构的上级机构申请复议；对复议决定不服的，可以自接到复议决定书之日起十五日内向人民法院提起诉讼。当事人逾期不申请复议或者不起诉又不履行行政处罚决定的，植物检疫机构可以申请人民法院强制执行或者依法强制执行。

　　第二十一条　植物检疫机构执行检疫任务可以收取检疫费，具体办法由国务院农业主管部门、林业主管部门制定。

　　第二十二条　进出口植物的检疫，按照《中华人民共和国进出境动植物检疫法》的规定执行。

　　第二十三条　本条例的实施细则由国务院农业主管部门、林业主管部门制定。各省、自治区、直辖市可根据本条例及其实施细则，结合当地具体情况，制定实施办法。

　　第二十四条　本条例自发布之日起施行。国务院批准，农业部一九五七年十二月四日发布的《国内植物检疫试行办法》同时废止。

项目小结

　　通过对《农业转基因生物安全管理条例》《中华人民共和国植物新品种保护条例》《植物检疫条例》等种子相关条例的学习，了解制定各条例的目的及意义，在各条例的指导下，进行种子的生产和经营活动。

复习思考题

　　1. 简述制定种子相关条例的目的及意义。

　　2.《农业转基因生物安全管理条例》中所称的农业转基因生物是什么？

　　3. 在哪些情况下，调运植物和植物产品必须经过检疫？

　　4. 简述品种权的保护期限。

模块六　种子营销

项目一　种子营销概述

学习目标

知识目标

知道种子营销的功能；了解我国种业市场的发展状况。

能力目标

掌握种子营销概念；熟识种子营销的特点。

情感目标

增强种子营销意识；培养学生树立市场营销观念；具有社会市场营销意识。

知识准备

种子营销概述及
我国种业市场的发展

项目小结

本项目学习了种子营销的概念、功能和特点，我国种业发展历程，以及完成了种业市场发展状况的初步调查。

通过本节学习，将种子营销、种业市场发展状况联系起来，并利用所学知识分析种业市场现状、存在的问题，能初步了解我国种业市场的发展趋势，为科学进行种子营销调研与预测奠定基础。

复习思考题

1. 简述种子营销的概念。
2. 简述种子营销的功能和特点。
3. 简述我国种业发展历程。
4. 简述我国种业市场发展状况。

项目二 种子市场营销调研与预测

学习目标

知识目标

识记种子市场营销信息的概念和特征；了解种子企业对营销信息的要求；了解种子市场营销调研的意义和内容。

能力目标

掌握种子市场营销调研的方式、方法和程序；了解种子市场营销预测方法和步骤。

情感目标

增强市场营销调研意识；具有种子市场营销意识。

知识准备

市场营销信息

任务一 种子市场营销调研

理论渗透

种子市场营销调研是一个收集信息的过程，只有掌握了充分的信息才能对种子市场做出正确的判断与评估。在种子市场运作中，没有正确的种子市场营销调研就没有决策权。种子企业若想在激烈的竞争中脱颖而出，就要从了解种子市场信息入手，踏踏实实地做好种子市场调研这个最基础的工作。

一、种子市场营销调研的概念和意义

（一）种子市场营销调研的概念

种子市场营销调研就是采用一定的方法，有目的、有计划、系统而客观地收集、整理、分析有关种子市场及与种子市场相关因素的历史、现状以及发展变化的资料，为种子生产经营单位进行种子市场预测、确定营销方针、编制营销计划、制定营销策略提供科学依据。

（二）种子市场营销调研的意义

种子市场营销调研是获取种子市场信息的重要手段，是正确进行种子市场营销预测的前提与保证，种子市场营销调研是种子生产经营单位整体活动的起点，贯穿于营销活动的始终。市场营销调研在种子营销中，具有重要的作用，主要表现在：有利于了解种子在市场上的供求状况；有利于生产经营单位合理安排种子生产与调入；有利于提高种子生产经营单位的经营管理水平和效益。

二、种子市场营销调研的内容

（一）市场营销环境调研

市场营销环境调研一般包括政治环境调研、经济法律环境调研、社会文化环境调研、科学技术环境调研、自然地理环境调研等。

（二）市场需求情况调研

种子市场需求是指种子消费者在一定时期、一定市场范围内能够购买的种子数量和质量。调研内容主要包括以下方面：市场需求量、市场需求结构、市场需求趋势调研、本单位销售的种子覆盖面，以及自己与竞争对手的同一类型品种在市场上的占有率、市场对种子的质量、包装、运输、售后服务等方面的要求和种子外贸出口需求情况的调研等。

（三）购买者和购买行为的调研

购买者和购买行为的调研包括购买者类型调研、种子用户对种子价格的敏感性调研、购买者的欲望和购买动机的调研、购买者购买习惯的调研等。

（四）有关作物品种种子的使用、评价的调研

本单位所销售种子的特征特性、适应范围和配套栽培技术普及程度。

农民对本单位所销售品种的评价、意见及要求，对本单位所售种子的售后服务满意程度，本单位所销售品种与其他单位所销售品种相比较的优缺点。

种子包装是否安全、便于携带和运输。

种子的包装和商标是否美观、便于记忆和分辨。

本单位所销售种子在农业生产中产量表现和品质如何，在生产上预计使用前景。

（五）种子市场供给情况的调研

种子市场供给情况的调研包括市场供给量的调研、市场供给结构的调研等。

（六）种子分销渠道情况的调研

种子分销渠道是指种子从生产者向消费者转移的过程中所经过的流通环节和流通组织。主要调研如下三个方面的内容：种子分销渠道的类型、各种分销渠道所处的地位与作用、各类种子销售网点的设置和变化情况。

（七）种子市场竞争情况的调研

种子市场竞争情况的调研包括竞争对手基本情况的调研、竞争对手竞争能力的调研、潜在竞争对手的调研等。

（八）促销方式调研

种子销售与其他商品销售一样，需要进行必要的宣传与促销活动，种子单位需要因地制宜地选择最佳促销方式。

三、种子市场调研的方式

这里所指的种子市场调研方式是指如何确定调研单位。一般有全面调研、重点调研、典型调研和抽样调研等。

（一）全面调研

全面调研是对全部研究对象单位进行逐个调研。全面调研能获得全面的资料和数据，准确性高，但工作量大，所需时间长。

（二）重点调研

重点调研是在调研对象中选取一部分重要单位进行调研。重点调研能以较少的人力物力，较快地获得所需资料，但代表性较差。

（三）典型调研

典型调研是在调研对象中选取某些典型单位进行调研。采取此种方式，关键是要按调研目的选好典型。典型调研所调研的单位较少，调研内容比较灵活，有利于研究新问题，可以查明所调研问题的来龙去脉。但调研单位是依据调研者的主观判断来确定的，所以推断出的总体指标，精确性较差。

（四）抽样调研

抽样调研是在调研对象总体中随机抽取一些样本单位进行调研。抽样方式有简单随机抽样、等距离抽样、分层抽样及分群抽样等，调研结果的准确性与抽样的代表性密切相关。

四、种子市场调研的方法

市场调研的方法很多，种子市场调研常采用的方法一般可归纳为观察法、询问法和实验法。

（一）观察法

观察法是指调研者直接或通过仪器在现场对调研对象的行为及特点进行观察、记录并收集有关资料。调研者不事先告诉也不直接向被调研者提问，被调研者并不感到自己在被调研。

（二）询问法

询问法是营销调研中使用最普遍的一种调研方法。它把研究人员事先拟定的调研项目或问题以某种方式向被调研者提出，要求被调研者给予答复，由此获得被调研者的看法、认识、喜好和满意等方面的信息，再从总体上加以衡量。

根据资料获取手段的不同，询问法又可分为走访调研、信函调研、电讯调研和网络调研等。询问法要求调研者具有虚心求教、诚恳待人的态度和灵活多变的技巧，避免简单粗放、语气生硬等不利于调动被调研者积极性的行为。

（三）实验法

该方法是从对所涉及调研问题的若干因素中，选择1—2个因素加以实验，然后对实验结果做出分析，研究是否值得大面积推广的一种调研方法。有纵向对比实验、横向对比实验及随机比较实验等。如在某一地区进行适宜推销方式的调研。

五、种子市场营销调研的程序

为了保证市场营销调研结果的准确性和可靠性，在市场调研时必须按一定的程序进行，进行种子市场营销调研的一般程序可分为六个阶段。

（一）确定调研问题

调研问题主要有两类，一是在种子经营过程中出现的急需解决的问题；二是对近期决策有较大影响的问题。如在种子销售旺季，销量较往年同期下降幅度较大，需对引起销量下降的原因进行调研。为了找到问题所在，通常进行初步情况分析和非正式调研。

初步情况分析。收集有关内部资料（各种记录、销售工作的阶段总结、多年统计资料、财务决算资料）和外部资料（当地和周边地区种植业面积、种植业结构状况、政府有关部门的统计资料等）通过对这些与种子经营有关的资料的初步分析，可以找出问题，了解各因素之间的关系。初步情况分析所得到的资料不必过于详细，重点收集对所研究问题有参考价值的资料。

非正式调研。非正式调研又叫试探性调研，指针对初步分析中出现的问题所进行的正式的座谈或走访，可以提高正式调研的准确性和把握性。

（二）现场调研准备工作

在问题确定后，在正式进行实地调研之前，应做充分的准备工作，主要有以下几个方面：

第一，确定资料的来源和收集方法。确定收集哪些方面的资料，到哪些单位，设计调研表等。

第二，设计调研表。为搞好市场调研，科学地设计调研表是一个重要环节，调研表设计的好坏，直接关系到调研的质量。

（三）正式调研

根据预先设计的方式，到实地向被调研者进行咨询，收集有关资料。在进行正式调研时，要提前做好有关人员的培训工作。培训内容主要包括本次调研的目的和要求，调研表的填写说明，回答讨论大家提出的问题，以统一认识和行动。另外，要选择好调研对象，如调研市场需求应向农业部门、农户了解情况；调研品种质量问题，应向大田用种场、种子生产基地了解情况。

（四）调研资料的整理与分析

调研工作完成后，所得到的资料是凌乱的、含虚假成分的。因此对资料必须进行整理和分析，资料的整理分析包括分类、校对、编号、列表等。

分类。把相同或相近的调研资料归类。

校对。去掉有明显错误或模糊的资料；如果发现某一方面的资料不够或不实，则应抓紧时间补充。

编号。按资料类型编号，便于整理。

列表画图。将归类的资料列表表示，采用现代手段进行画图，使调研结果更直观。

（五）简述调研报告

市场营销调研的最后结果是编写调研报告，报告可以是综合的，也可以是某一问题的专门报告。其主要内容包括以下方面：调研进程概况；调研目的与要求；调研结果与分析；结论与建议；附录。

（六）调研结果的应用与追踪

调研的目的是应用，对调研所得的结论应在实践中加以校验，如果方法对路，结论正确，建议合理，就应该予以采用；若结论不正确或不完善，则需进一步调研，加以补充或修正。

任务二　种子市场营销预测

理论渗透

一、种子市场营销预测的概念

所谓预测，就是对客观事物未来发展状况的预料、估计和推测。种子市场营销预测是在种子营销调研的基础上，运用科学的理论和方法，对未来一定时期的种子市场发展变化及影响因素进行分析研究，寻找市场发展变化的规律，为种子营销管理人员提供未来市场发展趋势的预测性信息，使生产、经营计划适应未来市场需求的变化，确保本单位更好地生存和发展。种子用户的需求处于动态环境中，随着种子市场供给方竞争的加剧，种子企业决策部门应经常对有关的情报和资料进行综合分析，对未来或未知的经营前景进行展望和推测。

二、种子市场营销预测的作用

（一）种子市场营销预测是选择最优决策和制定计划的基础和前提

种子公司的决策和计划就是对未来的行动方案进行选择。欲制定出正确的方案，就必须进行调查研究和科学预测。

（二）种子市场营销预测确保种子生产、经营按计划进行

建立在调研基础上的营销预测，可以及时地把握农业生产的发展对种子品种、质量及数量的新要求，以便及时采取对策，组织生产和货源，保证生产对种子的需要。

（三）种子市场营销预测有利于提高种子公司的竞争能力

通过营销预测，还可以了解和预测其他同行的经营状况及发展趋势，以便适时地制定和修正自己的计划，增强竞争能力。

（四）种子市场营销预测有利于提高经营管理水平和经济效益

科学的营销预测能够对种子公司未来的产、供、销等活动提供决策依据，增强预见性，提高经营管理水平和经济效益。

三、种子市场营销预测的类型、内容

（一）种子市场营销预测的类型

按范围可分为宏观预测和微观预测　宏观预测就是对全国乃至国际种子市场的预测。此种预测涉及面广、综合性强。微观预测就是对一个地区、一个部门或一类品种的小范围的预测。

213

按性质可分为经营预测和管理预测　经营预测是有关种子经营方向、销售量、利润率等方面的预测,属于战略性预测;管理预测是种子生产经营过程中各方面的经营界限的预测,如种子数量、质量及成本的最优方案的选择等。

按内容可分为技术预测（即劳动手段的改变,如设备更新等）和经济预测（如价格变动的预测）。

按时间可分为近期预测（1年内）、短期预测（1—2年）、中期预测（3—5年）及长期预测（5年以上）。

按方法可分为判断预测、历史引申预测及因果预测等。

（二）种子市场营销预测的内容

种子市场营销预测的内容较为广泛,按属性可分为以下几个方面:

第一,市场潜在需求预测。随着国民经济的发展与人民生活水平的提高,社会对农产品的质量和结构在不断变化,种植业的结构也随之发生相应的变化,如大麦生产量因啤酒加工业发展的需求的增长而不断扩大。因此,应对农作物的潜在需求做出预测,以适应未来市场发展的需求。

第二,市场销售量预测。种子市场总销售量取决于某一地区各种作物的种植面积、大田作物的田间纯度、农民的换种习惯、农民的购换种的能力等因素。就本单位在某一地区的市场销量的预测,还需考虑作物及具体品种的种子生产量,自己的种子与竞争对手的种子相比较,有无价格、质量等方面的优势,最终确定自己公司的各个作物、品种在市场上的预计销量。

第三,品种开发预测。随着科学技术的发展,育种水平的提高,转基因新品种的应用,新育成品种的产量、品质、抗性不断改进,育种速度加快。因此,加强新品种的开发预测对一个种子生产、经营单位十分重要。要做好这方面的工作,需进一步加强与育种单位和育种专家保持密切联系,了解并关注各类作物育种的动态;了解各类作物品种区试、生产试验及品种审定情况,掌握新品系的栽培技术和繁育技术,以便及早组织有苗头新品种的种子生产和经营。另外,还需进一步了解新品种的特征特性,明确其优缺点,结合生产要求,预测新品种的生命周期。

第四,竞争形势预测。通过对各种环境因素（如国家财政开支、进出口贸易、通货膨胀、失业状况、企业投资及消费者支出等）的分析,对国民生产总值和有关的总量指标进行预测。

四、种子市场营销预测方法

种子市场营销预测的方法很多,一些复杂的方法涉及许多专门的技术。对于种子营销管理人员来说,应该了解和掌握的企业预测方法主要有:购买者意向调查法、销售人员意见调查法、专家意见法、市场试验法等。

（一）购买者意向调查法

市场是由具有潜在需求和现实需求的消费者组成，通过对消费者购买意向的调查，可以推断出未来的市场需求。在满足下列三个条件的前提下，购买者意向调查法比较有效。购买者的购买意向是明确清晰的；这种意向会转化为顾客购买行动；购买者愿意将其意向告诉调查者。

该方法的具体做法是：通过抽样调查，掌握某类产品的社会拥有量情况、消费者的购买意向以及对某一品牌的喜爱程度等，在对调查资料整理分析的基础上，推算出某一品牌未来的需求量。

（二）销售人员意见调查法

企业的销售人员长期从事产品的销售工作，经常直接接触消费者，对产品销售情况和消费者的需求非常了解。因此，凭借销售人员的经验，可以对企业产品未来的需求做出比较准确的预测。该方法的具体做法是：邀请一些有经验的销售人员和销售经理，对企业某一产品的未来销售量及其概率做出判断，然后由预测人员对他们的预测结果进行统计分析，最后得出综合的预测结果。

一般情况下，销售人员所做的需求预测必须经过进一步修正才能利用，这是因为：

销售人员的判断总会有某些偏差。如受近期销售成败的影响，他们的判断可能会过于乐观或过于悲观。

销售人员可能对经济发展形势或企业的市场营销总体规划不了解。

为使下一年度的销售大大超过配额指标，以获得升迁或奖励的机会，销售人员可能会故意压低其预测数字。

销售人员也可能对预测没有足够的知识、能力或兴趣。

（三）专家意见法

专家意见法也称德尔菲法，它是一种以通信的方式向有关专家进行咨询来预测市场需求的方法。

该方法的具体做法是：第一步，拟订课题。由调研人员事先拟订出需要预测的课题，准备所需的背景材料，设计专用的调查表。第二步，选定专家。根据预测课题的内容，选聘10—15名专家，所选的专家应具有与预测课题有关的专业知识和工作经历，并有广泛的代表性。第三步，通信调查。调查人员将预先设计好的调查表邮寄给选定的专家，请专家们凭各自的经验、知识做出预测，在规定的时间内填调查表并寄回。调查人员对回收的调查表进行整理、综合，将结果寄给各位专家再次征询意见，请各位专家再次做出预测，重新填写调查表并寄回。经过多次反复征询，直到专家们不再改变自己的意见或专家们的意见趋于一致为止。

由于专家意见法是以通信的方式进行的，具有匿名的性质，专家们在预测时不受资历、权威等因素的影响，避免了面对面预测的心理干扰；反复进行多次调查，可以促使专家们进行反复思考，进而完善或改变自己的观点，最终做出准确的判断；由于预测结果综合了全体专家的意见，最终的预测值具有较大的可靠性和权威性。因此，专家意见法是被实践证明比较有效的一种定性预测方法。

（四）市场试验法

企业收集的各种意见的价值（不管是购买者、销售人员的意见，还是专家的意见）取决于获得各种意见的成本、意见的可得性和可靠性。如果购买者购买意向变化不定，又或专家的意见也并不十分可靠，在这些情况下，就需要利用市场试验这种预测方法。在预测一种新产品的销售情况时或者在预测现有产品在新的地区或通过新的分销渠道的销售情况时，利用这种方法效果最好。

五、市场营销预测的步骤

（一）确定预测目标，拟定预测计划

进行市场预测，首先要明确预测目标，即预测要达到什么要求、解决什么问题、预测的对象是什么、预测的范围、时间等。有了明确的目标，才能确定预测工作的进程和范围。预测计划是预测目标的具体化，它具体地规定预测的精度要求、工作日程、参加人员及分工等。

（二）搜集和分析资料

准确而及时地搜集和分析资料是预测的基础。对资料要进行整理和分析，剔除随机事件造成的误差，对不具备可比性的资料要进行调整，避免因资料的不准确对预测结果所带来的误差。资料来源主要有：企业内部资料，各级政府部门统计资料，国外经济技术情报资料，科技刊物及直接来源于市场的资料。

（三）选择预测方法

根据预测目标占有资料的情况、预测准确性和费用等选择合适的预测方法。

（四）对预测结果进行分析、判断及修正

看是否达到预期目的，预测误差是否在允许的范围内。自然条件和经济政策的变化都将会影响预测目标的实现，如预测的风险性太大，则预测结果需做重新调整。

项目小结

本项目学习了种子市场营销信息的概念、特点及企业对营销信息的要求，种子市场营销调研概念、意义、内容、方式、方法和程序，种子市场营销预测概念、作用、类型、内容、方法和步骤，完成种子市场营销调研与预测技能训练。

通过本节学习，将种子市场营销调研与种子市场营销预测环节联系起来，利用所

学知识和技能解决种子营销上的问题，能制定市场调研报告和初步预测种子市场发展状况，帮助种子企业做出正确的营销决策。

复习思考题

1. 简述种子企业对营销信息的要求。
2. 简述种子市场营销调研的程序。
3. 实例说明种子市场营销调研的具体方法。
4. 简述市场营销预测的步骤。
5. 简述市场营销预测的方法。

项目三 种子营销组合

学习目标

知识目标

知道种子营销组合；产品整体概念及层次；种子价格构成及影响种子定价的因素。

能力目标

了解种子定价的方法和策略；种子的分销渠道策略；种子促销方式。

情感目标

增强种子整体营销意识；具有全局意识。

知识准备

种子产品策略

任务一 种子价格策略

理论渗透

一、种子价格构成

价格是商品价值的货币表现，而商品价值是由生产该商品的社会必要劳动时间所决定的。现用 C 来表示生产资料转移的价值，用 V 表示劳动者为自己创造的价值。用 M 来表示劳动者为社会创造的价值，那么商品的价值构成就是 C + V + M。其表现在货币形态上便形成生产成本费用、利润和税金。生产成本在价格中占有较大比重，是价格构成的主要部分；流通费用是从种子生产出来到用户手中所需的开支；税金依照税率的规定计算；利润则是商品价格中扣除生产成本流通费用和税金后所剩余的部分。种子作为农业生产资料，同时也是商品，所以其价格构成同样符合上述原理。一般情况下，种子总价格中生产成本和流通费用占到 60%—80%，税金和利润占到 20%—40%。

二、影响种子定价的因素

（一）种子价值

种子价值是定价的基础。价值是价格的基础，种子价格应最大限度反映其价值，也就是说，种子价格要最大限度地接近其价值。一般在具体定价时，常常以生产成本作为定价的基础。

（二）供求状况

一般地，当市场供小于求时，可适当提高价格；当市场供过于求时，应适当调低价格。

（三）竞争者的产品和价格

竞争者的产品和价格，是企业产品定价的重要参考。企业应结合竞争产品的特点，综合考虑自身价格的定位。

（四）国家有关政策和法规

市场经济的最基本特征是自由企业制度，企业有充分的处理与经营有关事务的自由，其中包括自由定价权。但现代市场经济会受到政府调节和干预，政府可以通过行政的、法律的、经济的手段对企业定价及社会整体物价水平进行调节和控制。企业定价时必须考虑政府的政策、法令。

此外，企业自身因素、用户、产品生命周期等因素也会影响种子定价。

三、种子定价方法

种子定价方法，是指农资企业为了在目标市场上实现定价目标，而给产品制定一个基本价格或浮动范围的方法。影响价格的因素比较多，然而在制定价格时主要考虑因素是产品成本、市场需求和竞争情况。产品成本规定了价格的最低基数，竞争者的价格和代用品的价格提供了企业在制定其价格时必须考虑的参照点，在实际操作中往往侧重于在影响因素中选定若干定价方法，以解决定价问题。

（一）成本导向定价法

成本导向定价法是以成本为中心，是一种按卖方意图定价的方法。在定价时，首先要考虑收回企业在生产经营中投入的全部成本，然后再考虑获得一定的利润。产品的成本包括企业在生产经营过程中所发生的一切费用。定价中考虑的成本是按照成本习性进行分类和应用的。

（二）需求导向定价法

需求导向定价法是指企业主要根据市场需求程度和消费者的反应来确定价格。

1. 理解价值定价法

理解价值定价法是指企业根据商品在消费者心目中可接受的价格为基础制定价格。该价格因为是消费者的主观评判，所以往往偏离实际价值。关键是要正确估计消费者的理解价值。进而估计在这种价格水平下的产品销售量、单位成本等，看能否获利以及获利多少，以决定是否生产或经营。

2. 需求差异定价法

需求差异定价法是指在特定条件下，根据需求中的某些差异而使价格产生差别的定价方法。具体有以下几种：

（1）同一产品对不同的消费者采用不同的价格

根据不同消费者的购买用途、消费心理、购买习惯等不同，可实行价格歧视、规定一个价格幅度以及讨价还价等价格形式。

（2）同一产品的不同式样采用不同的价格

有些产品尽管质量、规格都大致相同，但因款式、花样不同可能价格相差甚远。

（3）同种产品或服务，销售地点或位置不同，价格不同

（4）同种产品或服务，提供的时间不同，价格不同

（三）竞争导向定价法

竞争导向定价法是指以竞争为中心、以竞争对手定价为依据的定价方法。常见的有以下几种：

1. 随行就市定价法

随行就市定价法，即企业按照行业的平均价格水平来制定价格。该价格主要是基于竞争者的价格而制定，很少考虑产品的成本和市场需求。

该种定价法主要适合以下情况：一是产品差异很小的行业，如钢铁、粮食等行业；二是高度竞争型的市场；三是少数实力雄厚的企业控制的市场。

2. 主动竞争定价法

这种方法是根据企业产品的实际情况及与竞争者产品的差异来确定产品价格。产品价格有可能高于、低于或与市场价格一致。一般为实力雄厚或产品独具特色的企业所采用。

3. 密封投标定价法

这是买方引导卖方通过竞争成交的一种方法。这种方法主要用于投标交易。投标企业事先根据招标公告的内容，估计竞争者的报价，确定自己的投标价格，密封投标。

企业投标报价一般要低于其他投标的竞争者，但也要考虑企业目标利润，所以较好的投标价格应为实现目标利润与较大中标概率两者的最佳均衡。

四、种子定价策略

（一）新产品定价策略

1. 撇脂定价策略

撇脂定价策略是指在新产品投入市场时，将价格定得很高，以便在短时期内获得更多利润。此策略的特点是新产品上市需求缺乏弹性，定价高也不会减少需求，会使人产生一种高档产品的印象，还可以通过降低价格排斥竞争者或扩大销售。但是价格过高，丰厚的利润率必然招来竞争对手加人，导致原有市场的丧失。价格高不利于开拓市场，甚至可能遭到抵制。采用此策略时，企业要对市场需求进行准确的预测。

2. 渗透定价策略

渗透定价策略是指在新产品上市初期，将价格定得很低，以便迅速打开市场，扩大销售量，提高市场占有率。此策略的特点是在需求弹性大的市场，低价可以迅速打开市场，从大量的销售中取得利润，可以有效阻止竞争者加入，有利于控制市场。但价格低会使投资回收期长，价格变化余地小，有一定的风险性，适用于资金雄厚的大企业。

3. 满意定价策略

满意定价策略是指将新产品价格定在既让顾客满意，企业又能获得适当利润的一种比较合理的水平，是一种介于撇脂定价策略和渗透定价策略之间的新产品定价策略。此策略的特点是使用普遍、简便易行，能兼顾生产者、中间商和消费者等多方利益。但是由于过多关注各方面利益，该定价策略适用于较为稳定的产品。

（二）阶段定价策略

阶段定价策略是指根据产品在生命周期各个不同阶段的特点，采取不同的定价策略。

各种产品在生命周期不同阶段的变化规律基本是相同的，但是由于各种产品的特性不同，各阶段的定价要求也有所不同，大致可以分为以下四种类型：

1. 价格弹性较大的非生活必需品

该种商品在投入期应将价格定得低一些，实行微利销售甚至贴本销售；进入成长期以后，可以适当提高价格；成熟期采取适当降价措施；在衰退期应进一步降价，使价格低于可销水平，以便清出存货，迅速转产。

2. 生命周期较短、款色翻新较快的时尚性商品

这类商品在短期内供不应求，所以在产品的投入期和成长期应对产品定高价；在

成熟期和衰退期要较大幅度削价，以免丧失时机，其损失可由前期的利润加以弥补。

3. 价格弹性较小的一般日用生活必需品和重要生产资料

这类商品宜采用均匀的价格策略，要兼顾企业和消费者利益，在投入期和衰退期可保本微利，在成长期和成熟期利润稍高一些。

4. 高税高利商品

这类商品要求保持较高利润，但其价格也应与各阶段的平均成本变动相适应，保持阶梯形下降的价格水平。

（三）差别定价策略

差别定价策略是指企业按照两种或两种以上的差异价格销售某种产品或劳务。差别定价因顾客而异，因式样而异，因时空而异。

（四）折扣与折让定价策略

折扣与折让定价策略是企业为调动各方面积极性或鼓励顾客做出有利于企业购买行为的常用策略。常见的有以下几种类型：现金折扣，数量折扣，交易折扣，季节折扣，促销让价。

（五）心理定价策略

心理定价策略是指企业运用心理学的原理，根据消费者的购买心理来制定价格。常见的有以下几种类型：尾数定价、整数定价、声望定价、组合定价、习惯定价、系列定价。

（六）随行就市定价策略

随行就市定价策略是依照现有的市场行情来定价的策略，主要适用于需求弹性比较小或供求基本平衡的商品。该定价策略风险较少，也容易为消费者所接受，是一种很常用的定价策略。

任务二　种子分销策略

理论渗透

分销是指企业为使产品送到目标顾客手中所进行的各种活动，包括渠道、地点、存货、运输等。因为分销渠道的调整相对于其他营销组合的因素较为困难，所以营销人员必须慎重选择渠道的成员，并对其进行适当的管理。

一、种子分销渠道的含义和成员组成

（一）分销渠道的含义

分销渠道就是种子从生产经营者传到种子使用者所经过的各中间商联结起来的通

道，即在种子生产经营者到种子使用者之间，直接或间接实现种子产品所有权的转移活动的所有营销机构。

（二）分销渠道的成员组成

种子分销渠道成员包括种子生产经营者、中间商和种子使用者。种子生产经营者，负责生产加工种子产品，是分销通路的起点；中间商是指种子从生产经营者到种子使用者之间经历的环节，是参与种子流通、促进交易行为发生与实现的营销组织和个人，是分销通路的重要成员，是种子流通过程中的主要组织者，一般指种子批发商和零售商。

二、分销渠道策略

（一）影响分销渠道选择的因素

影响分销渠道选择的因素很多，主要有产品因素、市场因素、企业自身因素以及环境因素等。企业在选择分销渠道时，应对上述几个因素进行分析。

1. 产品因素

产品的自然属性和产销特点不同，对分销渠道的要求也不同，这一点对企业选择分销渠道有着重要的影响。

2. 市场因素

产品无论选择什么样的渠道销售，最终都会在市场上实现产品的价值。由于市场是由生产者、消费者、中间商和产品构成的，因此，市场又是影响渠道选择的一个重要因素。

市场范围大，顾客多而分散，潜在顾客也较多，应广泛选用分销渠道，通过中间商销售；市场多为批量购买，一次购买价值大、购买次数少，多采用较短的渠道销售。

3. 企业自身因素

企业自身条件不同，选择分销渠道也应有所区别。

财力比较雄厚的企业，可选择较短的分销渠道，这类企业的管理水平比较高，营销经验丰富，不必依赖中间商，或较少依赖中间商销售。

生产者的信誉高、产品销路好，中间商就愿意向生产者购货。如果企业愿意多花费广告费用，提供各项促销服务，中间商就乐于代销商品，乐于合作。如果企业能提供各种售后服务和技术咨询工作，承担维修费用，派出维修技术人员，那么也可以调动中间商、经销商的积极性。

4. 环境因素

国家的政策方针、法律法规对企业分销渠道的选择有重要影响。企业在选择分销渠道时，要遵守国家政策方针、法律法规，使用合法的中间商，采用合法的营销手段，不能为了牟取暴利，坑害国家和消费者。

（二）种子的分销渠道策略

种子的分销渠道通常采取短、宽、直接、垂直的系统。"短"即指种子从生产经营到农户过程中，中间层次越少越利于种子销售和服务；"宽"指中间商数量多，有利于种子销售区域扩大，提高种子销售绩效；"直接"是指种子直接从生产经营者手中传递给农户，无任何中间环节，这样有利于种子技术指导服务；"垂直"即指分销渠道成员采取不同形式的一体化经营或联合经营，有利于控制和占领市场，增强市场竞争力。

三、分销渠道的管理

种子生产者在市场营销中要同中间商相互依存、共同发展，建立长期的合作伙伴关系。同时还应注意对中间商进行经常性的调研，加强日常管理，对营销过程中中间商的表现以及市场变化情况加以分析，来判断通路是否适应市场情况，从而对渠道进行结构性调整和功能性调整。

在对渠道加强管理的同时，为使中间商更好地为生产者和使用者服务，生产者还应采取各种措施，为中间商提供协助、服务（如为中间商提供种子产品的相关技术和企业宣传材料，提供种子营销信息，帮助其培训推销人员、服务人员等），解决营销中存在的问题，同中间商达成良好的合作关系。

任务三　种子促销策略

理 论 渗 透

成功的市场营销活动不仅需要制定适当的价格、选择合适的分销渠道向市场提供令消费者满意的产品，而且需要采取适当的方式进行促销。

一、种子促销的含义和作用

（一）促销的含义

促销是促进产品销售的简称。从市场营销的角度看，促销是指企业把产品和企业的信息通过适当方式传递给使用者，促进其了解，信赖并购买本企业产品，以达成扩大销售的目的。简单地说就是对所销售的品种向用户报道、宣传、说明，以促进和影响他们的购买行为。促销的本质就是传递和沟通信息。

（二）促销的作用

适宜的种子促销活动对种子产品的销售产生积极的影响，表现在以下几个方面：提供信息；刺激需求；稳定销售。

二、种子促销方式

种子促销常用的促销方式有人员促销和非人员促销。其中，非人员促销包括广告、公共关系和营业推广等方式。

（一）人员促销

指派出推销人员直接与潜在的顾客接触，通过当面交谈，对所推销的种子进行详细说明和示范，促进销售。人员促销具有三个特点：①与种子使用者直接接触，方式灵活。通过面对面的沟通，可及时了解种子用户的意见、需求、动机和行为，为种子使用者提供更加优质的服务。②有利于培养种子用户和种子生产者之间的良好关系。③有利于种子产品的及时成交，推销人员可以抓住时机促成及时成交，同时还可掌握客户动态，为企业及时反馈信息。

（二）非人员促销

又称间接促销或非人员推销，是企业通过一定的媒体传递产品或劳务等有关信息，以促使消费者产生购买欲望，发生购买行为的一系列促销活动，包括广告、公共关系和营业推广等方式。它主要适用于消费者数量多、比较分散的情况。

1. 广告

为了使种子客户了解自己的产品，促进销售，可以通过各种形式的媒体，向社会公开展示、宣传种子产品，即广告促销。广告促销是市场经济的产物，是沟通产、需必不可少的重要手段。其作用有以下三个方面：（1）传递种子信息，沟通产需见面。（2）激发需求，增加销售。通过广告，形象化地对种子进行宣传报道，可以吸引用种者的注意，引起他们的兴趣，引导他们的购买行为。（3）可促进种子质量的提高。通过做广告，不仅促进了种子销售，而且对种子生产单位不断增强质量意识，提高种子质量也大有好处。进行广告促销时应注意：广告的内容应根据所要传递的信息来确定。广告的内容必须真实，构思应富有创新性，语言要生动、有趣、幽默、简明，图像应美观大方、形式多样。

2. 公共关系

公共关系又称公众关系，简称"公关"。按照美国公共关系协会的理解，"公共关系有助于组织（企业）和公众相适应"，包括设计用来推广或保护一个企业形象及其品牌产品的各种计划。也就是说，公共关系是指企业在从事市场营销活动中正确处理企业与社会公众的关系，以便树立品牌及企业的良好形象，从而促进产品销售的一种活动。

3. 营业推广

营业推广又称销售促进，是一种适宜于短期推销的促销方法，是企业为鼓励购买、销售商品和劳务而采取的除广告、公关和人员推销之外的所有企业营销活动的总称。

营业推广的目的是迅速刺激需求，鼓励消费者购买。

三、促销的基本策略

不同的促销组合形成不同的促销策略，诸如以人员推销为主的促销策略、以广告为主的促销策略。从促销活动运作的方向来分，有推式策略和拉式策略两种。

（一）推式策略（从上而下式策略）

推式策略以人员推销为主，辅之以中间商销售促进，兼顾消费者的销售促进，把商品推向市场，其目的是说服中间商与消费者购买企业产品，并层层渗透，最后到达消费者手中。

（二）拉式策略（从下而上式策略）

拉式策略以广告促销为主要手段，通过创意新、投入高、规模大的广告轰炸，直接诱发消费者的购买欲望，由消费者向零售商、零售商向批发商、批发商向制造商求购，由下而上，层层拉动购买。

项目小结

本项目学习了种子产品整体概念及层次、产品组合的含义及要素、产品组合策略，种子价格构成、影响种子定价的因素、种子定价的方法和策略，种子分销渠道的含义和成员组成、影响分销渠道选择的因素、种子的分销渠道策略，种子促销的含义和作用、种子促销方式、种子促销的基本策略，完成种子营销组合策略技能训练。

通过本节学习，将种子产品、价格、分销渠道、促销等环节联系起来，并利用所学知识和技能解决种子营销上的问题，能制定出种子营销组合策略指导种子营销，实现种子营销组合的灵活地组合与搭配。

复习思考题

1. 简述种子市场营销调研的程序。

2. 简述种子营销组合的含义及要素。

3. 简述种子产品策略。

4. 简述种子价格构成。

5. 简述种子定价的方法和策略。

6. 简述种子分销渠道的成员组成。

7. 简述种子分销渠道策略。

8. 简述种子促销方式。

参考文献

［1］杨光圣，员海燕．作物育种原理［M］．北京：科学出版社，2009.

［2］北京农业大学作物育种教研室．植物育种学［M］．北京：北京农业大学出版社，1989.

［3］张天真．作物育种学总论［M］．北京：中国农业出版社，2003.

［4］刘胜祥，黎维平．植物学［M］．北京：科学出版社，2007.

［5］徐汉卿．植物学［M］．北京：中国农业大学出版社，1994.

［6］元生朝，张自国，许传桢．光照诱导湖北光敏感核不育水稻育性转变的敏感期及其发育阶段的探讨［J］．作物学报，1988（1）：7－13.

［7］李泽炳，毕春群，万经猛，靳德明．盛夏低温对光敏核不育水稻育性稳定性的干扰及其克服的预见性对策［J］．华中农业大学学报，1990（4）：343－347.

［8］中国法制出版社．中华人民共和国种子法［M］．北京：中国法制出版社，2021.

［9］杜鸣銮．种子生产原理和方法［M］．北京：农业出版社，1993.

［10］陆作楣，赵霭林，马崇云．杂交稻混杂退化问题研究［J］．中国农业科学，1982（3）：8－15.

［11］洪德林，陆作楣，陶瑾．控制授粉株系循环提高杂粳六优一号亲本纯度研究［J］．种子，1993（1）：1－4.

［12］余检烈，于振文．冬小麦的栽培［M］．北京：农业出版社，1989.

［13］山东省农业厅．山东小麦［M］．北京：农业出版社，1990.

［14］潘家驹．棉花育种学［M］．北京：中国农业出版社，1998.

［15］毕思勇．市场营销（第四版）［M］．北京：高等教育出版社，2017.

［16］郝建平，时侠清．种子生产与经营管理［M］．北京：中国农业出版社，2004.

［17］王道国．农业生产资料营销技术［M］．北京：化学工业出版社，2009.

［18］吴健安．市场营销学（第三版）［M］．北京：高等教育出版社，2007.

［19］高荣岐，张春庆．作物种子学［M］．北京：中国农业科技出版社，1997.

［20］盖钧镒．作物育种学各论［M］．北京：中国农业出版社，2000.

［21］颜启传．种子学［M］．北京：中国农业出版社，2001.

［22］袁隆平．两系法杂交水稻研究论文集［M］．北京：农业出版社，1992.

［23］郭尚．蔬菜良种繁育学［M］．北京：中国农业科学技术出版社，2010.

［24］康玉凡，金文林．种子经营管理学［M］．北京：高等教育出版社，2007.

［25］谷茂，杜红．作物种子生产与管理［M］．北京：中国农业出版社，2002.

［26］胡晋，王世恒，谷铁城．现代种子经营与管理［M］．北京：中国农业出版社，2004.

［27］何启伟，郭素英．十字花科蔬菜优势育种［M］．北京：农业出版社，1993.

［28］纪俊群，池书敏．作物良种繁育学［M］．北京：农业出版社，1993.

［29］曹家树，申书兴．园艺植物育种学［M］．北京：中国农业大学出版社，2001.

［30］胡立勇，丁艳锋．作物栽培学［M］．北京：高等教育出版社，2019.

［31］曹林奎，黄国勤．现代农业与生态文明［M］．北京：科学出版社，2017.

［32］赵凤艳．农作物标准化生产概论［M］．北京：中国农业科学技术出版社，2009.

［33］钱庆华，荆宇．种子检验［M］．北京：化学工业出版社，2018.

［34］洪德林．作物育种学实验技术［M］．北京：科学出版社，2010.

［35］张天真．作物育种学总论［M］．北京：中国农业出版社，2003.

［36］麻浩，孙庆泉．种子加工与贮藏［M］．北京：中国农业出版社，2007.

［37］雷朝亮，荣秀兰．普通昆虫学［M］．北京：中国农业出版社，2003.

［38］鄢洪海，李红连，薛春生．植物病理学［M］．北京：中国农业大学出版社，2017.

［39］弓利英，梅四卫．种子法规与实务［M］．北京：化学工业出版社，2011.

［40］王祖德．种子法规及行政管理［M］．北京：中国农业大学出版社，2009.

［41］胡晋．种子检验学［M］．北京：科学出版社，2015.

［42］胡晋，王建成．种子检验技术［M］．北京：中国农业大学出版社，2016.

［43］王荣栋，尹经章．作物栽培学［M］．北京：高等教育出版社，2005.

［44］王小佳．蔬菜育种学［M］．北京：中国农业出版社，2009.